墙面设计

WALL DESIGN

500

漂亮家居编辑部 著

海峡出版发行集团 | 福建科学技术出版社
THE STRAITS PUBLISHING & DISTRIBUTING GROUP | FUJIAN SCIENCE & TECHNOLOGY PUBLISHING HOUSE

目 录

▶ 1

材质

在装饰墙面时一般先从材质考虑起。
空间为何种风格，
端看墙面材质即可略知一二。
五花八门的材质让各个空间有了第一道印象。

图片提供_z轴空间设计

图片提供_甘纳空间设计

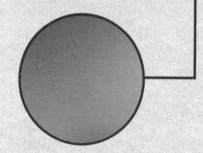

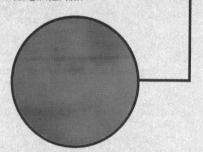

/1
墙面上色创造焦点

概念。色彩在运用时并非盲目使用,通过只粉刷单一墙面或是局部使用即能够创造出节奏,甚至是强烈的视觉。最简单的方法是以单一墙面为主,其他则尽量留白,创造焦点也让空间有重心。

/2
环保硅藻泥让墙面呼吸

概念。硅藻泥涂料添加剂产品,具有孔隙度大、吸收性强、化学性能稳定、耐磨、耐热等特点,应用于涂料、油漆中,能够均衡地控制涂膜表面光泽,增加涂膜的耐磨性和抗划痕性,去湿、除臭,并且还有净化空气、隔音、防水和隔热、通透性好的特点。

图片提供_澄橙设计

图片提供_俱意室内装修设计工程有限公司

/3

清水模漆平价替代质朴感

概念。近年来越来越多人追求返璞归真的空间质感，清水模裸露的视感成为新宠。由于清水模的施工价格昂贵，因此出现了仿造清水模的涂料，让一般人也能够拥有相同的风格居家。

/4

特殊漆料让墙面展现另类风味

概念。特殊涂料种类繁多，包括让器物充满复古风味的旧化漆，让家具呈现自然褪色的复古感。另外，金属氧化效果的旧化漆，可让器物随着铜绿、古锡等色泽，散发出低调内敛的光彩。而裂纹漆则是利用硬质面漆和软质底漆，让缺乏延展性的面漆自然龟裂在延展性佳的底漆上，呈现出斑驳质感。

/5

以粉色墙面营造柔和气息 整体空间以柔和的粉色系打造，碎花花色沙发搭配背墙的不规则形状相框，是典型美式乡村风格的呈现。而转角处的墙面以白色线板包覆文化石，加上壁灯的悬挂，让整体细节更为一致，也点缀出空间中的温馨调性。

图片提供_摩登雅舍室内设计

➤**搭配技巧。**粉色系的柔和感搭配彩绘玻璃立灯、文化石墙面、白色雕花家具以及花布沙发等细节，流露出浓郁的美式乡村风格。

6

墙与柜的浪漫对话　装饰与收纳是一般客厅空间中最主要的功能，设计师首先将电视主墙赋予户主喜欢的仿清水模质感，再辅以实木柜与层板来增加收纳功能，同时也让画面更丰富；另一方面则由浅紫色的墙柜来与之对话。图片提供_澄橙设计

▶搭配技巧。除了仿清水模主墙外，利落的浅紫色壁板墙柜则起了罗曼蒂克的作用，让整体空间柔和而温暖许多。

7

不成套灯具转移视觉焦点　饱满的彩度、晕黄渲染的灯光，点缀木质元素，空间中透露出些许简约时尚的北欧风情。客房壁面漆上绿色的涂漆及系统柜木皮点出自然主题，运用黑色床架、织品，与铁件吊灯作呼应，营造沉稳舒适的睡寝氛围。图片提供_Z轴空间设计

▶搭配技巧。床头灯运用材质相同、造型不同的黑色铁件灯具去搭配，注意下缘高度要一致，就能利用不成套的造型，转移视觉对于天花高低落差的注意力。

/8＋9

用灰色调安抚城市的喧嚣 在五光十色的城市生活中，适度的灰色调可以沉淀心灵，或许这正是为何清水模建筑总能让人感受安宁的原因。设计师在130平方米的现代住宅中，以仿清水模的灰糅合木质，融入简单不繁复的居家线条，用宁静画面安抚了城市的喧嚣。图片提供_法兰德室内设计

▶ **搭配技巧。** 为达到画面平衡，在清水模主墙上放入铁件架构层板与木质柜的线条，并搭配木墙柜以提升家的暖度。

10

拥抱蓝拱门的异国梦境　开放式的公共空间拥有横向开阔的流畅动线，设计师运用强烈的土耳其蓝色来填满并串联墙面，搭配灰柱与拱门造型元素，散发出放松的异国度假情调。图片提供_浩室空间设计

▶**设计**。除了有拱门造型外，因为地面既有的高低落差可设计为矮阶梯，搭配白色扶手更有怀旧洋房的质感。

11

安谧原色主义让家好疗愈　每个人对于家的期待不同，但多数人希望家是安谧而具有疗愈功能的，因此清水模墙色成为许多人的最爱。为了展现更沉淀心灵的设计，除了仿清水模的主墙，并进一步坚持以原色主义安排地板、柜体与天花板，营造纯粹美感。图片提供_浩室空间设计

▶**搭配技巧**。为避免破坏清水模墙的单纯质感，除电器设备柜与地板均选用原木色外，天花板大梁也以木皮原色包覆，让上下呼应。

12

丰富色彩诉说温暖时光　一面墙想要说的话，有时通过丰富的色彩吟咏而出，温馨的一角，尽管还没摆上象征实用的黑色电视，大量蓝色与黄色却排山倒海而来，映入了人们的眼中。左边一隅白色网椅，传达出午后的慵懒，一个松软的、有如蛋糕的甜蜜时光，由此展开。图片提供_彗星设计

▶**搭配技巧**。利用对比色彩与隐藏式光源的设计，增加壁面的视感。而半墙色漆的处理，则可在视觉上调整空间高度，让简单的空间变得内敛而多层次。

13

硅藻泥的双重功能美学　使用硅藻泥，不仅可以调节室内的湿气，在风格上更有别于一般水泥墙的外形，表现出强烈的简约风格；至于墙面上的黑色管线，设计师更将其作为装饰的一部分，与室内的黑色家具相互呼应出空间的节奏感。图片提供_甘纳空间设计

▶**搭配技巧**。左方收纳柜采用不规则的格位设计，可以打破视觉上过于平均的制式化感受，蓝色的使用，亦增加了空间的温度。

14

高彩度的活泼气息　高彩度色系的木瓜黄漆色，为房间带来不同于光线的明亮感受，整体氛围以墙面的选色为重点，再以其他物件搭配颜色。走进房间，仿佛置身东南亚风格的空间，传达出沉稳温暖的休闲态度，让人心情不禁放松且感到愉快。图片提供_子境空间设计

▶**色彩配置**。通过木瓜黄的选色，将墙面转化为充满活力的意象，再选用暗红色线条的物件搭配，组构出极具特色的个人风格。

15

私藏着门板的仿清水模墙　清水模墙是许多户主心中最沉淀人心的墙面表情，但此个案基于施工空间限制无法使用传统灌浆清水模墙工法，因此选择用清水模涂料，并将电视墙右侧的房门也一并做成清水模墙，使得主墙得以展现更宽敞且整体性的画面。图片提供_澄橙设计

▶**搭配技巧**。设计师选择以仿清水模墙搭配不锈钢板与实木线条的设计，为家打造出素净清澈中不失设计感的画面。

/16

跳出框架的沙发背景墙　春夏时节，墙面也能跟着换季！选用清爽单纯的苹果绿作为沙发背景墙，区分与其他墙面的不同，在视觉动线中更有独特性。这样的墙面也是可以展现创意与自我想法的最好平台，不妨添加些装饰让整体更具完整性。摄影_Yvonne

➤**搭配技巧**。使用舒适爽朗的绿色作为基调，以其他缤纷色系的软装点缀，再穿插少量的白色单品调和，就能让视觉空间更舒适自在。

/17

趣味盎然的船舱走廊　船舱、太空舱、机舱这类密闭的小空间，反而更容易激起人们的想象，秘密就在于一个个很能满足窥探欲望的观景窗！一条原本冗长单调的走廊，因为设计师在单边墙上开了好几排内退的圆孔窗，加上暖黄色的洗墙灯光，这里立刻变成整个家最有趣的地方！图片提供_俱意室内装修设计工程有限公司

➤**材质**。整个嵌满圆孔窗的墙面使用特殊漆料涂覆，一来借粗粗的颗粒质感增加触感体验，此外这类特殊涂料也具备防潮、防焰的功效。

18

以夹板拼出端景主题墙　利用木夹板以人字拼拼成一道墙面。由于整体空间已经以中性色调为主，若保留原木颜色则显得不够突出，因此漆上蓝色以呼应客厅的蓝色沙发，并让抢眼的蓝突显人字拼图样，也成功成为空间里的视觉焦点。图片提供_隐巷设计

➤搭配技巧。选用鲜艳色墙，从中间色系跳脱成为空间焦点。

/19

调节湿气的好帮手 电视墙背后的墙面以硅藻泥施作，一方面可有效应对台北过于潮湿的气候，让空间的水汽自然降低许多；另一方面，刻意运用镘刀涂抹出独特的横纹肌理，让空间的表情增加不少变化，而轨道灯适时的打光更可突显出墙面的丰富表情。图片提供_甘纳空间设计

➤ **工法。**之所以采用横纹处理，主要是与空间里的垂直线条作整合，降低空间给人的垂直重量感，并打造出独特的生活风格空间。

/20

充满法式风情的湖水绿衣柜 以湖水绿喷漆而成的大面积衣柜，古典的设计在柜体上逐一表现，譬如长方柜体的同一规格，让人感受到秩序与美感，至于抢眼的湖水绿色泽，乃是设计师为了增加空间的活泼度，通过颜色说出空间的趣味性，却又不失原有的简约调性。图片提供_甘纳空间设计

➤**界定。**小面积空间，墙面不一定要照传统的水泥砌成，为了增加收纳空间，衣柜也可转化为区隔空间的一道墙。

/21

使用颜色创造空间层次 玄关是一种中介空间，过渡室外与室内，因此玄关壁面通常为了协调性考量，很容易使用单一色彩。但本案却将柜体与壁面色彩区隔，白色柜体与地面花砖撞击出空间的多层次想象，蓝色墙面则予人冷静感受，仿佛洗净一身尘埃。图片提供_彗星设计

➤**搭配技巧。**在蓝色的墙面角落放上一面全身镜，在视觉上制造空间的穿透性之余，全身镜的功能性，更可让人整齐衣容。

22＋23

跳色搭配，构建活泼美式印象 床头墙构建出平衡安定的对称景象，并铺陈大面积鲜浓绿色，呈现带有时尚色彩的主墙印象，搭配充满古典流线型的床头板与床头柜，彰显独特品位。而墙的两侧则内嵌黑色壁灯，灯饰可随心调整角度，打造舒适的睡前阅读时光。图片提供_格纶设计

▶ 搭配技巧。墙面两侧加装白色木百叶窗，用以调节室内采光，同时通过白与绿的跳色处理，以及线板层次，营造鲜明美式印象。

22	
23	24

24

鲜明个性空间搭配 红色系墙面具有强烈独特风格，以单纯的原色涂刷，墙面不多加其余装饰，展现出墙面最简单原始的真实面貌。调性单纯的原色空间，混搭任何风格的物件也相当常见，于对比强烈的情况下，更能相互衬托出彼此的存在感。摄影_Yvonne

➤**搭配技巧**。个性鲜明的红色交织沉稳风格的绿色，尽管是同彩度的色系，也能够达到相互衬托却不失亮点。

石材

图片提供_鼎睿设计

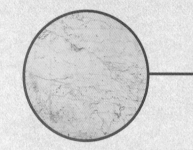

图片提供_馥阁设计

/25
大理石墙勾勒简约大气质感

概念。石材自然的特殊纹理一直深受大众喜爱，其中最常运用在住宅空间的莫过于大理石，其天然纹理变化多能营造空间的大气质感。

/26
洞石墙面展现人文历史感

概念。洞石质感温厚、纹理特殊，能展现人文的历史感。一般常见多为米黄色，如果掺杂有其他矿物成分，则会形成暗红深棕或灰色。

图片提供_虫点子创意设计

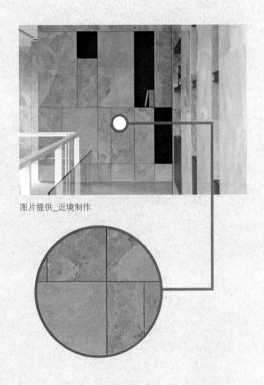

图片提供_近境制作

/27
文化石墙呈现自然复古氛围

概念。 在公寓式、北欧风、乡村风格常运用的文化石，保持石材原始粗犷的纹理，可呈现自然复古的氛围。

/28
薄片石材具时尚感

概念。 一般由德国进口的天然薄片石材材料，主要以板岩、云母石制成，板岩纹路较为丰富，而云母矿石则带有天然丰富的玻璃金属光泽，在光线照射下相当闪耀。具时尚感的板岩规划主墙时，可让空间充满天然质感。

/29

6米不锈钢框出室内景物画　度假别墅的客厅、书房与餐厅的交界，以不锈钢圈围出6米长的框景，除了修饰、隐藏上方横梁外，也运用框景技巧圈围最美丽的空间场景。加上设计师在石材正面保持粗糙、侧面平滑的细节，予人有如大石块被一刀两断的磅礴气势。图片提供_工一设计

▶**工法**。粗糙的石材是来自于观音山石，特别选用石皮的部分，取其原始粗犷的个性，由于石皮厚度不一，从5厘米到15厘米都有，考虑到石材很重，因此最大可使用面积约为50厘米×80厘米，再大则过重，不方便作表面饰材使用。

/30

白色系展开的自在　从颜色搭配上，就带来一种开敞明亮的舒适感，统一的纯白色系从右方电视墙开始蔓延开来。其实电视背后的墙面所采用的是雪白银狐大理石，高雅的石面搭配钢刷处理的梧桐木柜，在视觉上予人清爽自在的感受。图片提供_虫点子创意设计

▶**设计**。电视墙下方的收纳柜，采用悬浮的方式处理，一方面可以增加收纳柜下方收纳的空间，在视觉上亦可降低重量感。

/31

对花大理石墙面的气派感　一楼进门处打造了接待客人的空间，约6米长的墙面以4片大理石对切拼装，对花的纹路增加了视觉上的丰富感，大片的石墙也衬托出大理石的气派感。而墙面下方做了黑色腰带是可放置电器的空间，天花板凹槽则是投影布幕的收纳。图片提供_相即设计

▶ **设计。** 由于墙面足足有6米长，即便放置80英寸（200厘米）电视看起来还是太小，因此选择用投影的方式呈现，取代常见悬挂式电视的做法。

32	34
	35
33	36

/32+33

冷调质感的时尚空间　主卧浴室内希望能营造出更自然意象的洗浴环境，分别在地面与墙面以石砖和石材作铺面，浓黑的不锈钢砖与深具张力感的石纹，充分突显出独立式浴缸的洁白优雅线条。图片提供_近境制作

▶**材质**。冷色调与烟状纹路的石墙，容易让人感到冰冷却富有质感，选用透明玻璃引进自然光，不仅提升了温度感，更将明亮带入整体空间。

/34

打造个性感文化石墙 常见的文化石多以砖红色抑或是白色为主流，这个空间选用灰色文化石墙铺陈墙面，深浅不一的灰色系，低调不张扬的同时又弥漫着浓厚的优雅气息。以白色的门板作为搭配，更显现出户主绅士的品位。图片提供_相即设计

▶ **搭配技巧。** 灰色文化石墙本身就拥有高雅内敛的品格，选用简单不复杂的物件就能轻松达到装饰效果。

/35

沉稳低调的和风禅意 浴室的整体墙面与地板皆采用抿石子打造，并以水泥工法辅助，达到沉稳简朴的日式禅风质感。通过大面积的雾面玻璃引入采光，空间内黑白交错，伴随光影产生宁静的心灵对话。图片提供_相即设计

▶ **工法。** 将抿石子与水泥交互应用，洗手台面先以水泥塑形，后加装铁件支撑，再将抿石子覆盖于水泥之上，达到悬空的状态。

/36

石材墙面的转化手法 以宛如云雾的纹理蔓延石墙墙面，光滑的触感更显细致质感，将石材地面转折延伸至墙面，隐喻空间的宽敞延伸感。再搭配光面不锈钢的铁件层架，通过光线转折出柔和流畅的光影线条。图片提供_近境制作

▶ **设计。** 细致且大气的石墙，光滑的表面传递出细腻的个性，通过光线与铁件的映衬交错，让空间线条低调而富有变化。

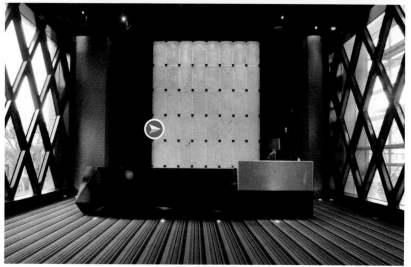

37	39
38	40

/37

石皮墙面，展现原始力度　客厅以电视主墙形塑视觉焦点，采用粗犷的石皮铺陈，并刻意让墙面呈现原始自然的立体轮廓，佐以大理石地面与空间中的低彩度色调，勾勒出豪放不羁的风范。同时把铁件烤漆层架锁在立面上，形成充满利落感的功能层架。图片提供_近境制作

➤ **工法**。采用干挂施工法，将石材直接吊挂于墙面或空挂在钢架上，通过此施工法建构的墙面，较为耐震且较不易出现裂纹。

/38

气势磅礴的云石光墙　为了吸聚全室的目光，这面墙除了以流动石纹的云石片作铺面外，同时还在背景墙上打上灯光，映照出气势磅礴的梦幻石纹，也有别于一般大理石的厚实感，展现轻盈优雅质感。图片提供_诺禾空间设计

➤ **工法**。为了让云石片可以打灯，以木作搭配铁工设计出固定石片的方块，同时与石片共同构成现代几何画面。

/39

以石材特质突显墙面质感 客厅中的沙发背墙以莱姆石打造，利用石材的厚薄度和粗犷感让墙面的层次感更加丰富。加上由侧边阳台照射入屋内的阳光，经由自然光线让石材本身的特质更为明显，以墙面展现具有生命力的人文质感。图片提供_相即设计

▶ 搭配技巧。利用石材本身的特质搭配自然光线的照射，让墙面的细节被突显得更为丰富，避免大片石墙容易产生的单调平面感。

/40

不对花墙面的大气美感 石片薄板贴满三层楼高的共同墙面，以不对花的设计让整体视觉更为强化。也由于墙面紧贴楼梯，故不以泥作方式打造，免去经常被触碰而弄脏的可能。而植栽旁也打造了可用来作为楼梯扶手的光带，兼具实用与美观的功用。图片提供_相即设计

▶ 搭配技巧。以石片薄板贴满整片落地墙面，不对花的设计让墙面增添变化感，价位上也比泥作来得便宜。

/41＋42

温柔肌理的质感美学　运用浅色洞石建构墙面，不仅具备质感，更具有延伸空间宽敞度的效果。通过窗户引入采光，照映出横向线性的细腻纹理，搭配柔和的装饰灯光，组构出协调且舒适的居家温度。图片提供_馥阁设计

▶ 设计。素净浅色的住宅空间，选用亮黄色系的沙发点缀，将单纯朴实的空间带入令人为之一亮的新意。

| 41 | 43 |
| 42 | 44 |

43

砌出粗犷的美式街头风 为了让家也能拥有美式街头般轻松又粗犷的画面,在客厅以大面积的文化石砌出红砖电视墙,并在墙面上搭配烟熏色调的木质层板与视听柜,呈现出怀旧中不失率性的个人风格。图片提供_浩室空间设计

▶ **搭配技巧。**运用仿旧质感的木质材料与文化石的组构,完美搭配出疗愈心灵的低调美感,而米字旗的柜子则成为风格亮点。

44

蓝墙白石的地中海情迷 没有时间前往地中海度假吗?没关系,不如在自家角落利用蓝墙、白岩石的自然元素来创造浪漫美景吧!原来,蓝色墙面内为浴厕空间,而为了避免移至外面的洗手台显得突兀,特别以文化石墙作装饰面,并且成功地创造了焦点。图片提供_浩室空间设计

▶ **材质。**利用粗犷的文化石墙搭配湛蓝色的墙面,简单的陈设就能让家秀出异国风情。

/45

端景墙面，美形兼具功能 采用粗犷纹理的大面积灰色石墙，添加居家的天然表情，并于墙体中央作出狭长的内凹空间，以通透深色镜材质为背景，成为一道精巧的展示置物台。并融合天花板的悬吊灯饰、泡茶木桌等，形成具禅意的大幅美感端景。图片提供_DINGRUI 鼎睿设计

▶ **搭配技巧。** 墙体以天然石为面材，适时添入不锈钢材质，将灰阶色彩作出协调搭配，并在粗犷感与金属感之间，丰富材质层次。

/46

沉稳却不压迫的大理石墙 客厅电视主墙选择以沉稳中不失现代感的大理石纹理，并于石墙底部做挑空设计与照明配置来减轻厚重感。另外，开放式设备柜与右侧端景柜的规划，不仅满足户主收纳需求，也降低了墙面的压迫感。图片提供_法兰德室内设计

▶ **搭配技巧。** 将沙发侧墙运用镜面贴出几何设计，借由带状的反射性镜面延伸视觉，也拉宽了空间比例。

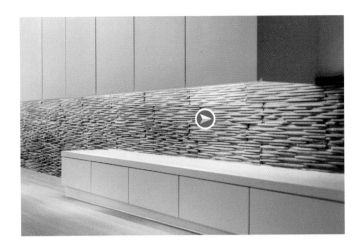

/47

交错柜体的石材墙面　由于房子是狭长形的空间，故柜子以吊柜加上矮柜的做法交叉呈现，避免将柜子做满整个空间形成压迫感。而柜体中间的墙面，以较具粗犷感的石材打造，调和了白色柜的视觉扁平感，吊柜下方的光带也更加能突显出墙面的细节。图片提供_相即设计

▶**搭配技巧。**以较具粗犷感的石材打造中间墙面，石材的厚度和质感借由打光投射更点缀出其细节，让整个墙面不因只有柜子而显得单调。

/48

特殊石材纹理，彰显天然脉络　电视墙铺设大面积的白色大理石，并且不让电视屏幕嵌墙，改以贴地方式呈现，搭配天花轨道灯的照明光源，展现立面留白美。同时注入小巧思突破制式的平整立面表情，右下角作出不规则状的三角突面设计，增加视觉趣味。图片提供_DINGRUI 鼎睿设计

▶**材质。**墙面采用小雕刻白大理石为材质，展现简白的天然感，并可见宛如昆虫翅膀般的花纹，展现充满生命力的脉络。

/49

以石片薄板打造墙面柜　柜子的门板以石片薄板打造，这样的做法既不厚重又可呈现出石材质感。下方墙面特地请木工做了投射灯，以光线中和了黑色墙面的沉稳色调，打光处还做了斜切面设计，让光线能更均匀分散地照射。图片提供_相即设计

▶**工法。**石板薄片不对花的设计，让整片黑色墙面的视觉感不致过于单一，以石材纹理点缀了空间氛围。

45	47
	48
46	49

/50

局部穿透设计，串联视野　卧房空间以藕灰色作为基调，搭配蒙马特灰大理石作为床头墙，形成充满天然质感的空间韵味。床头墙亦作为卫浴与睡眠区的隔间墙，并让墙面两侧不做满，保留左右边隙空间，加入清玻门板，让居者坐拥采光流通的通透视野。图片提供_近境制作

▶工法。将铁件嵌锁墙面左侧后，再加上黑色漆料，并且预留灯具出线孔位置，运用线条打造出完美切割比例的墙面表情。

51

书柜墙面，享受阅读乐趣 位于楼梯旁的墙面，采用灰色石材大面积铺陈立面，并搭配不规则状的书籍收纳空间，远观可见浅灰色、深木纹的矩状拼接美感，近看则可见到材质的细腻纹理。结合实用性与造型美感的墙面设计，让阅读乐趣唾手可得。图片提供_近境制作

▶**工法**。将石材切成薄片贴于墙面，让质地显得较为轻量，减少了笨重感，施工过程更简单、快捷，节省了安装成本。

52

结合建筑概念，彰显原始力度 采用大面积磨石子材质铺陈墙面，彰显原始视感。并以蜂巢状几何图腾做拼接，刻画出利落的线性美感。中央则搭配一张简约长木椅，以及右上左下的不对称灯光规划，让家具糅合端景效果，打造让人驻足停留的静思场域。图片提供_近境制作

▶**搭配技巧**。以立体雕塑概念的折板天花设计，源自于建筑的设计概念，让空间如装置艺术般引人注目，充满原始的力度。

/53

处处皆布景的摄影空间　摄影师户主打造出既为住家一隅、又能作为摄影工作场景的空间，形塑处处皆为摄影布景的功能与意象。文化石墙面是整个空间的视觉亮点，搭配物件的摆设就能具备基本的棚拍功能，是很符合户主需求的客制化设计。图片提供_摩登雅舍室内设计

▶ **工法**。空间中的文化石墙面是一大亮点，刻意加大的缝隙突显出石材不规则的切边，挂相框的手法也降低了白色墙面的单一感。

/54

空间的调味料——大理石　木地板使大厅予人一种过于温润收敛的感受，此时若选择大理石材质的墙面，就可增添整体空间的气势。大量自然元素的使用，在此也使空间产生许多纹理与层次。白色大理石表面的黑色蜘蛛纹路，传达出恰到好处的狂野。图片提供_甘纳空间设计

▶ **功能**。大理石墙面除了美观功能外，同时也区隔了墙后的泡茶休憩空间，不以整片墙遮挡的做法，增加了空间的开放性。

55	57
56	58

/55

弧形石墙秀出山水壮阔　有别于一般大理石作平面的铺陈，设计师挑战更高难度的弧形拼贴，除了以选定的泼墨大理石将整个客厅由上到下作延伸性的满墙铺贴外，其中在转弯弧形处必须以细石条作连续拼贴，避免弧线产生断续感而让整体画面减分。图片提供_诺禾空间设计

▶ **工法。**在转弯的弧度上大理石需先作直线细条切割，再将切好的多片石材仔细比对花纹作连接拼贴，是相当具有挑战性的工法。

/56

延伸大理石墙的气派质感　大面积丝滑质感的石材，应用于整个客厅空间，利用墙面的延续性，解决结构与尺度的问题，维持空间的气派声势。通过落地窗引入室内的大量光线，也让整体室内都环绕着柔美温和的光感。
图片提供_近境制作

▶ **工法。**虽然屋内结构为L形的广角设计，但电视墙面与左侧的书柜采用同款大理石材作为铺面，解决因为结构而无法联结完整的问题。

/ 57

都市时尚的金属质感墙　为营造出沉淀情绪与缓和都市步调的空间氛围，选择以冷调的矿石结晶墙搭配温感木质地板作为空间基调的调和，加上理性黑白几何画作与金属艺术品的摆设，使空间更显高雅沉静。此外，圆弧造型家具与籐编椅秀出人文工艺感与高超搭配品味。图片提供_缤纷设计

▶ **搭配技巧。**蛋形籐编吊椅的悠闲质感让人在城市之中获得片刻的放松，而高贵神秘的深紫抱枕则更能融入都市时尚金属色彩中。

/ 58

岩石墙内巧藏收纳功能柜　想要大理石岩片的天然质感纹理，又希望墙面能作为收纳柜利用，但一般门板五金无法承受大理石重量，安全上有疑虑。因此设计师选择以特殊材质"石物"来完成使命，将具有岩片感的薄石片镶嵌于柜门上，展现天然石材美感。图片提供_诺禾空间设计

▶ **工法。**利用铁件作柜门的架构，再将石物固定于门板上，而下方因为设备柜的遥控需求则以玻璃门板设计。

/59

斜角格局 重现矿石刻痕 以稳重灰调作为居家色彩，并让大理石从地面一路延伸至墙面，通过不规则的斜角格局，呼应挑高天花折板的造型设计，以及吧台的体量造型，通过每个完美的转折，塑造宛如原始矿石的刻痕。图片提供_近境制作

▶**搭配技巧**。将门板、厨房设备等与墙面做结合，维持立面完整，塑造完美格局线条，并保留每块石材之间的缝隙，展现色块拼接的层次。

/60

粗犷石墙，展现大气尺度 采用灰色天然石材作为电视墙，通过顶天立地的大面幅设计，营造从天而降的设计感，不仅仅成为居家中的视觉主墙，更作为与后方空间的简单屏隔。同时搭配圆弧天花设计，弱化了上方横梁的压迫感，让立面高度更提升，彰显空间的大气感。图片提供_DINGRUI 鼎睿设计

➤**材质**。墙面底材选用不锈钢网与不锈钢方管作支撑，并采用天然辛巴尼石块为面材，添加居家中的自然粗犷美。

/61

带入框画概念的精致造型 不仅大理石的种类众多，加工的方式同样琳琅满目。图中这座电视墙包括立面和下方悬空的台面都使用大理石，上方刻意不做至顶，保留视线延展的弹性，然后再用立体包框、后方打光的方式，塑造出主要的墙面造型。图片提供_俱意室内装修设计工程有限公司

➤**搭配技巧**。光使用大理石可能会让整体造型偏重，除了搭配悬浮台面有助于视觉的轻量化，设计师也在木制边框两侧加衬镜子，增加影像反射趣味。

/62

拼贴出大气质感 大理石虽然能营造出华丽感，但在强调精致的空间里，却不适合置入过于奢华的元素。配合整体空间色系，选择颜色较浅的木化石大理石作为电视墙主要材质，不做大面积贴覆，反而将其拆成长条拼接成墙面。细腻的拼贴不失大理石主墙的大气感，反而更能展现极为细致的层次变化。图片提供_隐巷设计

▶搭配技巧。以黑色铁件搭配大理石，利用颜色深浅对比增加变化。

/63

大理石主墙大气又不失居家温馨感 为了延续木空间的温润质感，电视主墙选择咖啡色带有白色花纹的大理石，借由与木素材相近的色系，呼应整体空间的温暖色调，并降低石材容易给人的冰冷感受。而石材原有的自然纹理具丰富视觉效果，即便大面积使用，也不会因为使用单一材质而感觉过于单调。图片提供_隐巷设计

▶搭配技巧。选用暖色系石材作搭配，增加材质变化又不失居家温暖感受。

64

延伸墙面创造空间气势　电视主墙面宽不够，于是将大理石主墙转折至另一墙面，借由延伸效果创造主墙气势。然而单一材质面积过大容易显得单调，因此在腰带位置做出分割线，并在转折处挖空嵌入黑镜，借由细节设计丰富立面视觉，增加主墙可看性。图片提供_隐巷设计

▶**搭配。**平台台面石材选择烧面做搭配，突显电视主墙的亮面大理石。

65

最舒压沉稳的立体岩墙　富有自然意象的岩墙，设计师规划于餐厅主墙之上。以不同大小与色调带出些微差异，再用前后交错的铺陈方式，呈现出不规则的生动氛围。再加上铁件板架，来展示隐含户主故事的收藏品，同时也促进家人聚餐的情感。图片提供_近境制作

▶**工法。**将具有自然肌理的岩面石皮，切割为不同大小、特意留下些微色调差异，以及表面不平整的立体面铺于餐厅主墙上，享有写实自然美感。

66

活泼律动的主墙印象　以对花的光面石材打造电视墙主体，总是能呈现大气与尊贵的空间质感。但这座主墙最特别的地方是：设计师跳脱了常见的体量对称样式，不仅穿插局部镀钛金属勾勒更奢华的光泽感，右侧还以内退的阶梯式层次，演绎与众不同的灵活构图。图片提供_宇艺空间设计

▶**工法。**电视、音响都作壁挂式处理，直接精简了传统视听矮柜占据的纵深，而整座墙面造型也因此更加干净利落。

62	64
	65
63	66

/67

宛如暗夜闪电的戏剧张力 各式各样的大理石,是当代空间设计里常见的素材类别,但随着石种、花纹、厚度、结晶形态的不同,应用施作的方式也会跟着调整。图中设计师选择一款接近纯黑的石材打造玄关的转折墙面,鲜明的白色须纹任意伸展,与角落悬垂的设计款吊灯相互对话。图片提供_云邑室内设计

▶ **工法。** 大理石墙因为重量的关系,举凡过高或大面积的施作,都要非常注重整体结构承重的问题,转折、衔接之处最能观察到工艺细节。

/68

巴黎沙龙般的浪漫光影 客厅是多数住宅的重心,而客厅内的主副墙,则是整体风格的缩影。设计师根据户主喜好,一方面使用光润的银狐大理石,雕琢电视墙的立体层次;另一方面以精致的白色木作,刻画出沙发背景墙的唯美皱褶,巧妙隐喻类似窗纱随风飘荡的轻盈律动感。图片提供_云邑室内设计

▶ **细节。** 电视墙浮凸的前缘必须以石材薄片包出理想厚度。因此曲面的衔接决定整体的精致度,虽然是前后错位的设计,还是要注意石纹对花的连续性。

/69

手撕拼画的天马行空 整面墙都是用大理石打造，不过其中最繁复的细节，在于呈现如同手工撕画般的乱纹错拼效果。这块大理石本身的灰阶纹理相当鲜明，分切之后若是没有掌握好，很容易让人产生眼花缭乱的压迫感，所以要这么做之前，设计师可得有相当的把握。图片提供_宇艺空间设计

➤ **搭配技巧。** 拼接的石材构图很有想象空间，在石材边缘加上金属包边，更能营造框画般的精致感，底部加上一段灰镜跳色，很好地平衡了石材面的重量。

/70

经营舒适与专注的平衡 作为工作室的小面积空间，必须掌握得宜的，便是舒适与专注两种调性的平衡。大面积的文化石作为墙体，白色由此联系到左方层板与书架。然而下方柜体却使用黑色，通过颜色可感受氛围的转化，象征稳重的黑则让人更可专注于思考。图片提供_虫点子创意设计

➤ **搭配技巧。** 天花板使用嵌灯，一来可以削去墙面过多的装饰元素，二来通过灯光的照明，更突显出文化石的精致质地。

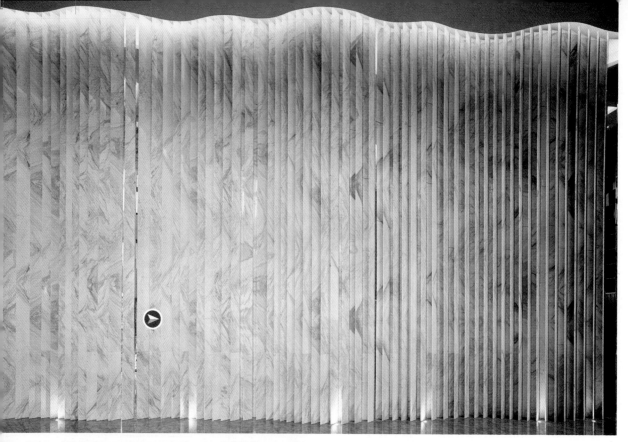

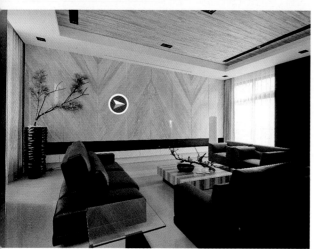

71	73
72	74

／71

一如波浪般跳动的墙 为了提升大厅的壮阔感与艺术性，在高达6米的厅堂中舍弃平常大理石铺墙的做法，而将大片银狐石切成大小不同的片状，再以波浪排列出活泼律动感，同时在其间穿插安排不锈钢片，形成行走间的闪动光芒。图片提供_诺禾空间设计

▶ **工法。** 先将银狐石片切成约2厘米厚的薄片，再以铁件卡榫将石片插入墙面之后，同时必须事先编号比对花纹。

／72

磅礴气势的功能性石墙 以石材墙面打造气势与质感的氛围，石材拼贴设计别出心裁地呈现起伏纹路，更显大气与不单调。以黑色带状的内凹槽取代收纳柜，除了较为精致外，使整体的搭配性更为完整。图片提供_相即设计

▶ **设计。** 为了保持墙面的完整性与整体氛围，特意不加装电视荧幕，使用隐藏式投影的方式，让空间更显时尚与深度。

73

功能兼备的石材墙面　使用大量的淡雅色系石材，在视觉上营造一种清爽感，将石材作为墙面，能够确保不受湿气的影响。通过墙面的设计规划，创造出大量的置物空间，整体功能大幅提升，再也不担心潮湿与收纳问题。图片提供_怀生国际有限设计公司

➤ **收纳**。善用石材的特性，把墙面发展成多层收纳柜，兼备质感与功能，让墙面不只是墙面，也能变化出另类的使用方式。

74

隐藏于都市的野生丛林　开阔自由的大厅，以石皮恰墙面作为精彩的揭幕。沿着用餐区域排开，石皮恰野生且写实的真实面貌与餐桌上的点点绿意相互映衬，搭配上其他墙面的木材应用，远看整体空间仿佛是一座隐藏于都市的奇幻丛林。图片提供_近境制作

➤ **搭配技巧**。选用充满原始个性的木材或是铁件单品来装饰空间，与石墙搭配拥有极高的特性，能够大幅提升整体氛围的原始粗犷感。

/75

棉絮般轻盈的石材主墙　大理石因为由不同的压力、结晶组成，赋予它多彩多姿的纹理特色，一般来说：对比鲜明的石种，很合适表现图像对花的艺术性，不过纹理均匀的石种施作上也要够细腻，否则一些小地方的错纹，可能会在视觉上变成很突兀的焦点。图片提供_古铖室内设计

➤ **工法**。较大范围的大理石工程，都不能省略无接缝处理，专业师傅们通过精细的抛光打磨技巧，让石材间的接缝线隐于无形。

/76

多素材的连续面设计　近几年的空间设计，为了追求空间的大气或特殊美感，十分重视连续面的整合与设计，例如图中餐厅的黑色悬空高柜，到客厅电视墙甚至是相邻的房间门，原本不在同一个界面上，但设计师分别使用石材、钛金属与黑烤玻璃作块面分割，充满精致感也趣味十足。图片提供_宇艺空间设计

➤ **工法**。不同的素材结合，彼此间的收缩系数、弹性与延展性都各不相同，特别是薄片的金属，在施作时要格外注意光泽度的平整，否则很容易检视出瑕疵。

/77

放大面宽的大理石主墙　电视墙通常都是客厅甚至公共区域的风格重心，选用各式大理石施作，不仅轻松展现户主想要的大气、奢华的气势，同时材质本身独一无二的天然纹理，无需过度加工就是一种浑然天成的装置艺术，而设计师的巧思则能创造更多变化。图片提供_古铖室内设计

➤ **工法**。石材本身很有分量，即使削成薄片依然需要先下脚料、封平底板才能妥善固定，一般装修的石材工程通常都会切割拼接，原因就在这里。

78 + 79

流动于石墙之上的日光 使用三款不同的石种、纹路及表面处理的石材元素，传递各区的生活态度与设计理念，再以大地色调统筹整体空间氛围，通过日光映出和谐的空间美学，也满足户主高雅品位的需求。图片提供_近境制作

➤ **材质。** 使用大量石材混搭，大地色石材、灰色石皮与浅色岩面的应用，善用每样元素的差异性，让不同风格的石材也能安稳共处一室。

80

自然生动的不规则兰姆石墙 具有流动感的兰姆石墙，使用横向拼贴的方式，放大面宽达到延展的效果。在含有自然气息的石墙上，嵌入光面不锈钢的电器柜，呼应出现代与自然的不同格调，也制造出了有别于和谐的独特趣味性。图片提供_近境制作

▶ 搭配技巧。浅色的兰姆石墙与不锈钢材质的铁件，看似冲突，利用不锈钢的光面特性却能制造出光影流动的效果，达到平衡视觉的目的。

81

石材与玻璃共构隔墙 设计师经常结合玻璃材质来营造住宅内视觉的穿透感，不过玻璃本身多半还需要其他材质辅助固定，才能确保安全的结构强度。这个案例就是玻璃与石材导角拼接工法的搭配，玻璃间并以镀钛金属滚边，增加造型的精致细节。图片提供_古锧室内设计

▶ 提醒。在进行空间装修时，多种材质的组合，通常也代表着工种项目、预算、施工时间都会增加，规划时不妨和设计师多讨论，找出最稳定也好维护的方法。

82

自然石材彰显禅意表现 客厅以沉稳深色定调，搭配同色皮质沙发，呈现低奢的豪宅气场。并于一旁的盆栽作出巧思设计，刻意让光线从角落一隅散发而出，投射于立面上，通过摇曳的光影，演绎扶疏而零星的树影意象，让墙面多几分视觉趣味。图片提供_DINGRUI 鼎睿设计

▶ 材质。以大片的翡翠森林大理石作为电视墙材质，色彩质地均匀，并可见清晰的岩脉纹理，充满古朴大气之感。

78	80
	81
79	82

/83

引入室外元素，打造开阔舒适的休憩空间　卧房空间借由大片落地窗，让绿意与阳光可以完全充满每个角落，并呼应户外美不胜收的绿意，采用白色文化石墙搭配木天花，极具天然质感的石材与木素材，让室内室外连成一体，进而创造出有如置身大自然的睡眠空间。图片提供_怀生国际设计有限公司

➤**搭配技巧。**文化石墙搭配质朴的木素材，呼应与户外一致的自然质感。

/84

板岩墙面延伸天花板丰富视觉　设计师采用十分特殊的设计：在主卧墙面使用板岩并延伸至天花板，搭配不规则木条格栅，丰富主卧视觉。间接灯光从格栅内投入室内，不刺眼并营造出适合睡眠的静谧空间。图片提供_怀生国际设计有限公司

➤**搭配技巧。**板岩薄片因其较具冰冷感而不常使用于私人空间，但墙面延伸天花板的设计反而予人大气之感，搭配温润木材则中和了寒调性。

83	85
84	86

/85

异材质结合打造主题电视墙 电视墙在转角做出斜向切面，并适度在墙上点缀深色大理石，用以强调电视屏幕，并做出收纳视听柜体；而客厅、餐厅之间横着一根大梁，设计师刻意做了斜面包覆，并于周边加入间接光源，缓解了视觉压迫感，也让天花板线条更具造型感。
图片提供_怀生国际设计有限公司

➤ 搭配技巧。选用两种以上不同石材，借由石材原始纹理，打造各种变化效果。

/86

完整墙面，展现材质原始质感 以石材拼贴成床头背板，原本极具特色的材质纹理，便可为墙面带来丰富的表情。另外再借由线条切割，并小面积拼贴相异材质，以细腻变化作点缀，避免单一材质让人感觉单调，又能同时维持大面积的大气感。图片提供_怀生国际设计有限公司

➤ 搭配技巧。已具备丰富纹路的石材，不适合再作过多设计，可以点缀性设计做搭配，避免主题失焦。

砖材

图片提供_虫点子创意设计

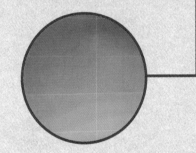

图片提供_浩室空间设计

/87

光滑、反射性高瓷砖墙走向现代

概念。基本上，光滑面反射性高的砖材，适合用于走向比较现代，或是强调高贵精致的墙面空间。

/88

复古砖墙呈现朴实随兴

概念。希望空间呈现朴实或是随兴风格，在墙面安上颜色仿旧、收边也不那么讲究利落的复古砖是好选择，而如果想要来点东方风情，烧面的板岩砖也是不错的材料。

图片提供_彗星设计

图片提供_相即设计

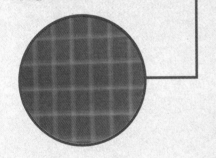

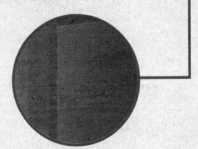

/89
红砖、花砖、马赛克重回当年情怀

概念。无修饰的红砖铺陈于墙面，完全展露原始的建筑形貌，传统的二丁挂排列更是让老味道流传，而复古花砖与马赛克砖的使用则让风格瞬间回到当年。

/90
粗石面、烧面或雾面砖材体现自然

概念。现在讲求回归自然，因此目前流行的砖材风格多半还是以粗石面、烧面或雾面处理，这类砖材因为在视觉上更趋近天然石材，容易与各类风格搭配。

/91

粗犷深色砖墙，自然率性 沙发背景墙以大面积黑灰色砖墙为材质，充满原始的材质力度，为空间注入复古、仿旧的粗犷质感，并在大面积灰墙的背景之下，衬托前方简约具设计感的跳色家具，为工业风注入随兴美感，形成一幅闲适的居家场景。图片提供_KC design studio

▶**工法。**墙面采用黑色填缝剂处理，填缝完后，表面刻意不做太彻底的擦拭，以营造出墙面旧化的视感，带入质朴感受。

/92

柔和灯光，形成展示墙面 保留原始格局的墙体进出面，并以白色釉面砖作大面积背景铺陈，形成具立体感的墙面效果。并嵌入木作层板设计，加入展示功能，搭配清晰的灯光照明，不仅考虑体贴了厨房使用者，更使厨房用品变成居家的展示艺品。图片提供_KC design studio

▶**工法。**利用LED条灯较为薄长的特性，嵌入于层板之中，强化流理台面的照明效果，借由向下漫射的灯源，形成柔和效果。

93

细节丰富的浴室墙面 浴室墙面采用三种不同材质铺成。浴缸及淋浴处是细长形尺寸的意大利进口瓷砖，其特殊的纹理质感近似板岩；而水泥粉光墙面因防泼水性较不佳，因此用于镜面上方的高处；镜面下方则采用白色瓷砖，和地板与柜子形成整体延伸感。图片提供_庵设计店

➤**工法**。浴室空间以灰白两色为基底，避免整体皆为灰色而过于暗沉。瓷砖加上水泥粉光的表现手法，以不同建材呈现同一色系的两种质感，视觉感也较为丰富。

94

灰调立面，营造纯净空间感　以立面串联玄关与整个开放式公共区域，辅以铁件隔栅、家具作铺排，细见空间层次。整体色调界定在黑白灰之间，但里头却通过不同的材质来演绎，以瓷砖、木皮、超耐磨木地板等，来搭配窗外光线的投射，映衬出细节之美。图片提供_LCGA Design 禾睿设计

▶ **搭配技巧。**铁件格栅除了可作为领域界定，亦是居家的桌体台面，台面底部则另外放置小抱枕，规划为宠物的迷你休憩空间。

94	96
95	97

95

让生活变得热闹的花砖　温馨氛围可以通过暖色搭配完成，黄与橘双色的置入，不仅点亮了空间，马赛克砖与黑板墙的异材质搭配更增添了整体空间的饱和层次。此外，桌面下方的墙面刻意用花砖，让空间变得更热闹，欣欣向荣的气氛感染空间的每一角落！平台以及原木色调的餐椅让净白的空间增添色彩。图片提供_彗星设计

▶ **材质。**易清洗的马赛克砖相当适合作为厨房墙面，而且黄色黑板墙让你随时想到的烹饪好点子也可以写在墙上，美观功能兼备！

/96

白色清水砖墙的复古情怀 秉持LOFT风格的设计精神，设计师定下中性低调的灰阶墙面与地面色彩，同时让一入门第一印象聚焦在白色清水砖墙上，突显出清新的北欧现代风与浓浓的手作质感，为年轻的空间注入怀旧美感。图片提供_澄橙设计

➤ **工法**。刻意在墙面上以清水砖重新砌筑，而不用一般常见的文化石，是希望突显手作质感，而木家具与杯盘的简单装饰则展现出北欧美学。

/97

大玩比例的墙面分配 餐厅的背墙以窑变砖结合门板，区隔出主卧、厨房、客厕的不同空间规划。窑变砖的色差变化，让墙面在视觉上看起来不致过于单一，除了将整片墙面的比例重新分配之外，也巧妙增添了装饰性，即使不挂画也不会看起来太过单调。图片提供_相即设计

➤ **搭配技巧**。窑变砖的使用让墙面细节看起来更为丰富，除了具备区隔门板和墙面的功能之外，其不规则的色差也增加了视觉感。

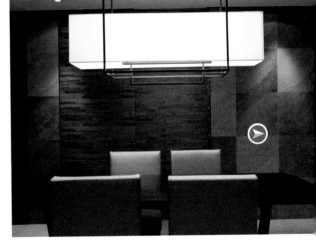

/98

木纹砖搭配青花瓷的缤纷意象　厕所空间以木纹砖打造,耐磨抗刮的特质符合空间的需求,搭配木头色调的百叶窗设计,让整体空间细节更为完整。而青花瓷地砖也是亮点之一,与木纹砖并存于空间中,营造出华丽的工业感,是住宅空间较少见的视觉风格。图片提供_摩登雅舍室内设计

➤ 搭配技巧。虽然一般住宅空间的厕所色调皆较为单一,但此处以木纹砖搭配青花瓷营造出华丽的意象,也是符合空间功能的活用设计。

/99

具有强烈存在感的黑色墙体　大胆使用黑色墙面,其上的粗糙纹理,营造出一种粗犷不做作的自然气息。而地板所使用的灰色,则是为了降低空间的重量感,搭配右部开放空间的浅色系元素,木皮、白色瓷砖的使用,平衡了整体空间的厚重,转而成为一个中性自在的空间。图片提供_甘纳空间设计

➤ 搭配技巧。地毯的使用,缓和了空间的坚硬色彩,大地色系的沙发与黑墙作出对比,巧妙地掌握了色彩与材质的调性平衡。

/100

不破不立的刻蚀艺术　砖墙安静又耐看，但是不是也有一些单调穿插其间？没问题，设计师天马行空的想象力，让平凡的砖墙有了大声疾呼的权力，虽然是素白的结构面，但刻意敲蚀捶打的痕迹，从此改变了砖墙给予人的刻板印象。图片提供_云邑室内设计

▶ **工法。**这不是单纯的敲打砖墙就能有的效果，设计师必须要砌上两层完整的砖面，在表面层小心用大、小锤敲出想要的图案或层次，然后反复刷白才能完成。

/101

绿色建材墙面 提升生活质感　因户主考虑到孩子的未来健康，于室内采用不少绿色建材，如沙发背景墙即铺陈健康壁砖，通过暖黄色调增添质朴暖意，并于墙面悬挂几幅具设计感画作，开启无拘束的文艺风格。搭配落地窗引进光线，注入明亮、清爽的北欧风。图片提供_北鸥室内设计

▶ **材质。**墙面材质为健康壁砖，因表层具微细气孔，可吸收空气中的多余湿气并达到除臭的目的等，避免居宅易潮湿的缺点。

/102

功能端景墙，建构静谧画面 玄关入口处配置木格栅，带来隐约通透的神秘视感，为延伸入内的开放式格局带来别有洞天的感受。而一侧则以薄片瓷砖为门板打造隐藏衣帽间，立面呈现仿铁锈的粗犷质纹，呼应大门、隔栅与地面色调，形塑自然又内敛的现代人文风范。图片提供_近境制作

➤ **搭配技巧。**突破制式的穿鞋椅规划，随兴陈列一张单椅于格栅旁，与端景物交织出前后景效果，形成一幅沉寂静谧的画面。

/103

以古堡砖打造仿旧墙面 浴室以复古的古堡砖打造墙面，特别的是经由窑变的古堡砖，会自然形成深浅不一的色泽与纹路，在视觉上也较有变化。而砖面不规则切边搭配特地预留较宽的沟缝，更加突显了古堡砖的手工质感与原始特质。图片提供_摩登雅舍室内设计

➤ **搭配技巧。**古堡砖是乡村风常见的元素，由于价格较高，一般住宅空间较少会用到这种砖面。因为户主很喜欢古堡砖的仿旧感，故此处以古堡砖形塑出乡村风的意象。

/104

演绎皮革的奢华质感　客厅沙发后方的区域，以两阶地板架高的界定方式，规划出弹性又随兴的多功能休闲区。后端的背景墙不管是光泽还是外观纹路，看起来都像是皮革绷制。但事实上这是一款特殊砖，经过现代科技的处理，我们对于材质的认知应更为广泛。图片提供_云邑室内设计

▶**工法。**这面墙的施作方法跟一般砖材的砌作大同小异，相似的纹理也没有对花的问题，不过底板要注意结构安全与平整度，也要留意搭配适合的填缝剂。

/105

环保钻泥板铺陈高墙律动美 因担心位于建筑正中央的天井容易有声音回荡的问题，因此在天井外墙的建材上特别挑选表面粗糙、拥有优异吸音、吸湿性的钻泥板做铺面。整个高墙以两厘米厚度的钻泥板做大小不一的切割排列，在视觉上也具律动美感。图片提供_诺禾空间设计

➤ **材质。** 钻泥板为加工木材、水泥与矿粉等多元材料混制而成的环保材质，具防火、防霉、防虫蛀与变形，加上蜂巢状孔隙，提升了其吸音、吸湿与隔热效果。

/106

仿木头旧化的时间味道 现在的砖不管是模拟何种素材，包括皮革、水泥粉光、织品、金属、木头、石材等，几乎都能仿到惟妙惟肖，让人完全分不清它到底是什么？不过这么一来，连不适合使用木质的浴室也不必设限啰！瞧瞧这款纹理与色彩极似老旧木料的特殊砖，是不是让浴室的精彩更上一层？图片提供_宇艺空间设计

➤ **设计。** 整间浴室墙面都贴上同一款木纹砖，不过洗手台和淋浴间的隔间，在面向台面处贴上镜子，让木纹的延展多些转折趣味。

/107

优雅复古的欧式氛围 明亮纯朴的普罗旺斯氛围弥漫在整体空间。墙面使用小型的复古方砖围绕柜体，作为分隔规划，将收纳区域完整独立出来，再以刷白的木质墙面，映衬出欧式氛围的浓厚韵味。图片提供_摩登雅舍室内装修

➤ **搭配技巧。** 以砖材佐以木墙相互搭配，不仅令空间富有层次变化，也能使材质应用在不同功能之中，达到更完善的使用规划。

	105
104	106
	107

/108

瓷砖变身文化石墙　使用石板样式的瓷砖拼贴出文化石墙的效果，石砖颜色的深浅，不仅将墙面营造得更为精致，前后交错的拼贴手法，更是显得光影生动。不需要多加装饰墙面，就显得自然感十足。图片提供_北欧建筑

➤ **工法。**利用瓷砖形状的特性，以颜色深浅不同的拼贴方式，营造文化石风格的墙面，在视觉上带来不同的冲击。

/109

墙面展现素材之美　卫浴墙面使用深色砖填白缝，细腻施工展现线性切割的功能美，墙腰加入白色砖点缀，以增添变化。图片提供_彗星设计

➤ **工法。**有如巧克力般的瓷砖交丁贴并填白缝，营造复古美感。砖面四周斜切出立体感，光线照耀下反射低调光彩。

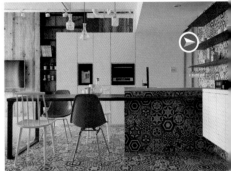

/110 + 111

黑白花砖地板，摩登有层次 采用六角蜂巢花砖铺陈餐厅的地板，界定出用餐区域，并将瓷砖从地板一路拼贴至吧台与墙面，形成餐厨空间的特色背景墙。通过黑白对比色调，呈现出具摩登感的居家风格，并搭配跳色醒目的家具，在工业风格中创造视觉亮点。图片提供_KC Design

➤**工法。**在右侧墙面上预先安装预埋铁件喷漆，形成餐厨用具或玻璃杯的展示层板，不仅美化了墙面，更注入了收纳功能。

图片提供_云邑室内设计

图片提供_相即设计

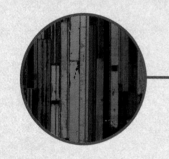

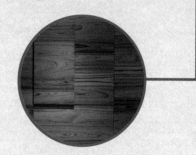

/112

营造大自然气息

概念。木材本身具有温暖的个性，相当适用
于追求休闲舒适的居家空间。当运用于墙面
时，其取之于自然树林的木材具有吸收与释
放水汽的特性，能维持室内温度和湿度，加
上其天然气息，更能营造健康纾压的居家
环境。

/113

不同树种为墙面带来不同风格

概念。依照不同树种的色泽木纹，能搭配呈
现出不同的空间感受，像是柚木、桧木、胡
桃木色泽较沉稳，适合表现日式禅风；而栓
木、橡木、梧桐木等纹路自然，可以用来表
现休闲、现代等居家风格。

图片提供_Z轴空间设计

图片提供_云邑室内设计

/114
木墙深浅诠释不同印象

概念。墙面木材颜色的使用没有绝对的公式或标准，但不同深浅的木材的确能表现不同的空间印象，浅色木墙能表现清爽的北欧空间，或是简约的日式无印感；而较深的木墙善于诠释休闲感的东南亚风情，或是典雅的中国情调。

/115
加工处理打造意想不到的墙

概念。一般来说木墙主要的呈现方式，是以经过简单的表面处理，呈现天然木纹为主要表现，但可通过加工处理打造不同的木质效果，如以钢刷做出风化效果的纹路，或是染色、刷白、炭烤、仿旧等处理也很常见。

/116 + 117

从水平到垂直的换位思考 谁说木地板只能铺在地上，只要克服重力、施作工序也得宜，没道理墙面或天花板不能使用木地板。看看这处挑高的空间，设计师以乱纹错拼的手法，呈现高大立面美的气势，对称的壁挂音响面板则有着画龙点睛的趣味。图片提供_宇艺空间设计

➤**搭配技巧。**有些户主会很介意素材；尤其是木头类色差的问题，不过以天然材质来说，其实色差、斑驳、坑疤都是美感的一部分喔！

116	118
117	119

/118

漂亮鞋柜也是装置艺术 玄关规划鞋柜是天经地义的事，但要兼顾美感与实用性却不容易！设计师以户主喜爱的自然素材为前提，表现接近木料未加工时的质朴状态，和谐的三等分比例之外，在门板中央还嵌上一整排圆纽扣，除了别开生面的装饰性，还能当做把手来使用呢。图片提供_俱意室内装修设计工程有限公司

▶ **设计**。许多人都以为柜子越大越好，但标准答案是刚好最好，悬空的高柜上下都保留缝隙，石材低台的跳材质处理，并与左侧的格栅展示区兼穿鞋椅衔接。

/119

搭配Loft风格展现的纤维板墙 卧房内先运用外露的管线配置与个性化的空间色调来展现户主所喜欢的纽约Loft风，至于床头旁显眼的主墙面则特别挑选了木纤维板做表面铺陈，彻底将仓库元素与质感带进设计中。图片提供_浩室空间设计

▶ **工法**。除了选择仓库感的纤维板材质来突显风格外，另一方面也将更衣间的门板以同样材质包覆，弱化了床头门板的干扰。

120

柚木山形纹的沉稳墙面　以柚木山形纹打造餐桌空间的墙面，用横向切割的手法突显柚木纹路并做了进出面，再加上钢刷特殊处理，让木纹更为明显。而墙面除了层板及柜体，也打造了两个跳色的凹槽空间并以打灯方式呈现，可置物的设计增加了墙面的使用功能。图片提供_相即设计

▶**搭配技巧**。使用颜色较深的柚木打造整体墙面，营造出较为沉稳的空间色调，地板和木桌也是呼应整体风格的选择，桌上的鱼形雕饰则增加了视觉上的立体感。

121

大地设色打造沉稳寝区　选择深色的木皮与绷布作为床头主墙材料，舒适的大地色系与绷布的舒适、缓冲特性，为年长户主打造沉稳无压的睡寝氛围之余，更突显出对细节的讲究与品位。由于卧房面积大，床头离电视墙有段距离，设计师特别在床尾放置小桌椅，方便户主看电视、聊天使用。
图片提供_Z轴空间设计

▶**搭配技巧**。木皮运用斜线条的企口拼接，形成两侧壁板的低调活泼表情，与电视墙造型相呼应；绷布则随兴设计出宽窄不一的线条，显得灵活不呆板。

122

悬吊展示层架，美化墙面表情　以深浅不同的木纹材质做拼接，做出各空间之间的界定，建构具色彩层次感的温润氛围。并以铁件为支轴结合木作板材及不落地的吊顶设计，打造充满利落线条感的墙面风貌。搭配陈列的家饰品，形成一幅静谧的居家端景。图片提供_近境制作

▶**搭配技巧**。将木地板从地面一路铺陈至墙面，形成L形延续性视感，让材质纹理连接并攀爬，通过大面积的温润木作彰显细腻质感。

123 + 124

钻石切割面的塑形运用 设计师不断琢磨各类材质的可能性，就算作为装修最基材的夹板，是否也能有堪当主角的戏剧性张力？答案就在眼前毋庸置疑！将仅上保护漆的夹板以钻石切割手法不规则延展，精工打造出从电视墙发展成局部天花板的奇特体量，展现前卫的舞台效果。图片提供_云邑室内设计

➤ **工法**。这项一体成形的设计创意能成功，精准的计算是先决条件，施工时除了注意板材衔接处的细腻，也要特别注意结构强化的安全性！

125

线条简化的新古典魅力 现代人喜欢古典的浪漫雅致，却又担心过度线条的堆叠容易积灰尘，于是设计师特地将繁复的线条简化，过滤弧线的纠葛，只留下水平、垂直交织的和谐构图。这样的设计最大挑战之一，就是如何兼顾鲁班尺上的红字，又能让视觉感受秾纤合度的分割比例。图片提供_古钺室内设计

▶**工法**。为了表现这类造型的立体层次，一般都需要木工师傅先依图像分解，裁好一层层的板材，然后再堆叠出设计师预想的形状。

126

360° 旋转屏风转变河岸表情 临河岸的落地窗虽是建筑的大卖点，但是绵延的窗景也可能带来过多的日照，或者较杂乱的户外景观，因此设计师特别量身定做可360° 旋转的多扇木屏风，让户主可以视自己的心情、光线的方向，或是空间场合的需求来调整窗景。图片提供_诺禾空间设计

▶**工法**。以松木做染色处理的木制屏风可以360° 旋转，因此可展现各种角度景观，或开关自如的效果。

125	127
126	128

/127

洋溢自然能量的非洲柚木墙　为营造出浓郁的异国风情，设计师除了在地板上大量采用水泥原色，同时在玄关则规划砖墙书柜，并从门口铺上整面的非洲柚木实木墙，这面墙就像是空间的基本色彩般，为生活注入充满生命力的自然画面。图片提供_澄橙设计

▶ **工法。** 除了采用非洲柚木实木作为墙面主色，并以粗犷的刷面来配合狂野的木纹理外，暖色的灯光则让画面更有温度。

/128

功能合体，住家＋办公室　作为住家办公室两种功能合一的空间，要如何巧妙搭配出办公室应有的沉稳专业，以及住家的柔软舒适感，此时适时地放入木材的元素，会是一个聪明的选择。木墙加入空间后，反而运用颜色与材质的反差，顺利完成了两种空间的融合。图片提供_甘纳空间设计

▶ **搭配技巧。** 洗白地板的色调削弱了黑色元素的重量感，搭配橡木墙面的浅色调，通过颜色成功地统合了两种不同功能的空间。

/129

通过大量日式物件，强化和风氛围　设计师以日式禅风为设计重点，首先运用大量木作，将整体空间营造出日式和风质感，另外再搭配上灯饰、屏风与日式和服等物件，更为细腻地刻画出日式和风氛围，让人一进入这个空间，就像来到日本旅游。
图片提供_怀生国际设计有限公司

➤**搭配技巧**。当材质过于单纯时，可以大量利用家具、家饰作搭配，借此强化空间风格。

/130

绿色木皮墙面迎合店内主题　裸露并漆上黑色的天花板以轨道灯与吊灯呈现暗黑工业风，让原先就冷调的工业色彩更加灰暗。墙面部分漆上灰黑色，另外一部分的木质墙面则选择带有绿色的木皮，迎合店内以电影"冥王星早餐"为主题的黑暗风格。图片提供_直学设计

➤**搭配技巧**。一般工业风设计中，会加入木质色温暖冷冽的空间，而这里反而选择带有绿色的木皮，更增添灰暗感受。

/131

将自然元素带进生活空间　以大量木素材将原本的老公寓打造成一个具疗愈与放松的空间，与之搭配的墙色则是选择同样有放松效果的绿色，并同时运用在书房、客厅、玄关延续至餐厨空间，不同空间墙面的绿，让绿意延伸至整个开放式空间，借此营造出舒缓的疗愈风格。图片提供_怀生国际设计有限公司

▶**搭配技巧**。选用清爽的绿色搭配浅木色，强调空间的轻盈与舒适感。

/132

书柜暗嵌照明，形成美丽端景　为满足居者经常在家工作的需求，于卧房内规划一小型工作室，在立面配置大面积书墙，拥有大量的收纳功能，并于柜体内暗嵌低柔的间接灯光，让陈列书籍多了几分艺术展品的质感，形成一幅美丽的端景画面，为空间注入人文气息。图片提供_LCGA Design禾睿设计

▶**搭配技巧**。设计师沿着墙面铺陈木材，以L形区块定义工作区，与睡眠区作出划分，并运用木板材特质，为书桌前方加入备忘板功能。

/133

以图形平衡木作的重色调　玄关是一个家里界定内外的动线关节，除了满足生活必要的收纳外，空间所能提供的情境感受力也很重要。首先地板的三角形九宫格拼花，已经带出空间转换的活泼感，贴墙打造的木质高柜，嵌上规律排列的银色圆形孔洞，不仅细节更精致，也避免柜体流于单调。图片提供_俱意室内装修设计工程有限公司

➤ 设计。优秀设计师都会避免做出一堆很像柜子的柜子，在这个示范里，特地与两边造型、玻璃门对齐的空间等高线，充分发挥"把树叶藏进森林里"的效果。

/134 + 135

形塑明确的生活聚落　开放规划是现代住宅设计的一大特色，不过配合使用者习惯，明确的功能分区还是不可或缺，如果不用固定式隔墙，不妨像这样以别致的天花板造型辅助界定。设计师利用自墙面向上弯折的L形木作界面，让中岛吧台为主的时尚厨房，拥有自成一格的空间美感。图片提供_宇艺空间设计

➤ 设计。这座中岛餐台兼具工作站的设计，以整片钢板弯折而成的桌面前卫洗练，略宽于基座的桌面也考虑到舒适的人体工学。

╱136 ＋ 137

与圆灯座共舞的弧形木墙 为配合天花板上圆形灯座的主题设计，餐厅墙面在转弯处也与灯座共舞般地以弧形作设计。另外，整个木墙内藏有大量橱柜设计，不仅增加了收纳功能，柜体分割线条也成为墙面的美丽设计。图片提供_诺禾空间设计

➤ **搭配技巧。**在餐厅内从木地板、木墙柜到木餐桌均选择木质建材，且与对面的客厅弧形石墙遥相呼应，但通过不同深浅染色的木材质搭配，让空间画面更丰富且有层次感。

╱138

经典格栅释放馨暖和风 无论是垂直还是水平的格栅线条，因为和缓的规律性，很能营造住宅空间中不可或缺的宁静、和谐气息。格栅元素当然也是作为立面造型的好题材，尤其是搭配其他素材作重点式的处理，可以带出精致又不至于太厚重的视觉层次。图片提供_俱意室内装修设计工程有限公司

➤ **设计。**设计师在施作时，特别注意线条与线条间的等高水平衔接，其中最主要的目的除了讲究视觉上的美感外，也为了将右边的门板纳入整体造型中。

/139

烟熏火燎的炙热联想　将一般建筑工地常见废弃板材稍做清理后，不规则地拼贴成独特的墙面造型，接着再以喷灯、火枪局部烧炙的手法，营造出眼前充满手作感的斑驳图案。这样的表现技法不仅是对视觉、触觉的大胆挑战，也考验着户主的接受度。图片提供_云邑室内设计

▶ **工法**。完成整面造型墙的工序高度仰赖手工，同时失败率也相当高，师傅们必须精准控制火候，烧出设计师想表现的肌理效果，但不至于把整面墙弄成一堆焦炭！

/140

如艺术廊道般的动线墙　多房格局容易造成长走道，也会带来压迫感，因此设计师除了以木作的展示洞与特殊漆来装饰墙面外，再搭配灯光、挂画与装饰品来装点出画廊般的优雅氛围。另外，在右墙地面上也刻意内缩悬空设计，让走道看起来宽敞些。图片提供_法兰德室内设计

▶ **工法**。将房间门与墙面借由木皮花色做仔细对纹设计，使门板融入墙中，简化了多间房门线条。

/141

木地板墙面的垂直思考 住宅常用的木地板最近也常被转用于墙面造型,但不一定是木地板,各家厂商推出的厚皮底板、木皮板,都能营造如此富于肌理又温馨的效果,若是穿插横直纹的变化或是分割、错位拼接的技巧,就能为造型增添更多样的趣味。图片提供_云邑室内设计

▶ **工法。** 类似的板材拼接,要注意空气中湿气可能会带来的表面翘曲或色差,大致上已经涂装完成的素材表面相对较稳定,还留有毛细孔的表面记得预留足够的伸缩缝。

/142

又新又旧的矛盾时尚 还记得几十年前的小学课堂吗?当时教室里刷成淡蓝绿、淡粉红、牙白、木头原色的课桌椅,当阶段性的使命已经完成后,摇身变成了墙上的五彩缤纷的时髦语汇。这种又新又旧的矛盾组合,着实为这间颇为热门的民宿增添不少话题。图片提供_云邑室内设计

▶ **设计。** 这类的废板材能再度跃上空间设计、家具设计的相关版面,成为另类的素材宠儿,全拜方兴未艾的怀旧风潮与环保意识所赐,不过使用时要特别注意虫蛀问题。

/143

慵懒温暖的自然系风格 主卧房墙面选用的木纹线条属于干净简约风格,与南方松木纹路和谐且不突兀地搭配着。当阳光洒落房间,就是灌溉房间温度的时刻,让女主人可以慵懒地享受宁静与自然气息。图片提供_北欧建筑

▶ **搭配技巧。** 使用木纹材质的墙面,选用暖色系的自然原木,寝具也是干净的淡色调。当阳光洒进房间时,整体和谐且充满自然舒适的感觉。

	141
139	
	142
140	
	143

/144

深色木墙营造空间沉稳印象 因为客厅拥有良好的采光，因此以颜色较深的木素材拼贴成一整面沙发背景墙，好采光让深色木墙不至于影响整体空间感。相对地，充沛的光线反而更能突显色彩饱满、充满立体纹理的木墙，并成为客厅中焦点。图片提供_怀生国际设计有限公司

➤**搭配技巧。**利用深色背景墙，突显浅色家具，并可让空间更为成熟、内敛。

/145

以建材质感与色彩做空间区隔　设计师利用色彩与建材，让公共空间呈现出两大视觉对比区，一是利用白色为主视觉的电视背景墙，另一就是选用深浅木色所建构出的沙发区。双色木作让客厅视角一路延伸至餐厅直到厨房，对比醒目的配色，强化了公共空间的立体感，更让人眼睛一亮。图片提供_怀生国际设计有限公司

▶搭配技巧。木素材为百搭的材质，因此只要善用色彩、家具做搭配，大多能完美呈现各种风格。

/146

大胆用黑色为木素材注入个性　将木素材截切成条状，深浅长短不一拼接在墙面与天花板，墙面与天花板底色选择黑色，虽是经过计算让底色可隐约从拼接间隙中显露，但错落排列让墙面看起来更为随兴，也改变了原本木素材的温润印象，带来更为利落的现代感与个性。图片提供_怀生国际设计有限公司

▶搭配技巧。利用深浅不一的木素材拼贴，相同质感可统一整体调性，颜色深浅则能为视觉带来变化。

图片提供_KC design studio

图片提供_摩登雅舍室内设计

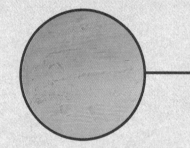

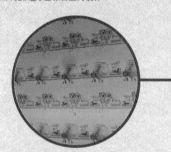

/147
水泥墙面展现粗犷风貌

概念。原本是建筑材料的水泥，近年来也从结构功能走进居家空间，不需再覆盖装饰面材质，可直接以完成面的方式展现空间风格。若在毛坯屋阶段就选择原始的水泥质感，不用修饰就可创造强烈的风格印象。

/148
壁纸、壁贴创造缤纷多彩的墙面

概念。若想要素色的墙面不论是涂料或是壁纸都能做到，但若想在墙面创造图腾就只能利用具有多种图样的壁纸和壁贴了。经典的乡村小碎花、花鸟蝶舞等自然元素的图腾能创造温馨的氛围；而条纹与千鸟纹适合现代简洁空间，巴洛克卷叶花纹与变形虫纹则是经典的古典语汇。

图片提供_近境制作

图片提供_澄橙设计

/149
非墙面运用的金属材大盛行

概念。金属材运用在墙面空间难免在视感上略显冰冷，但最近复古风、阁楼风、工业风的盛行，使得原本并非应用于墙面的金属扩张网、孔冲板等也运用于居家设计中。此外借由表面的加工处理，如电镀、烤漆等都会让墙面空间呈现不同氛围。

/150
皮革墙面美观兼具保护功能

概念。近年来装潢设计界各类皮革素材当道，皮革于居家空间的运用越来越常见，一般运用会使用皮革的墙面多为沙发背景墙与床头墙面空间，除了美观以外更有保护的作用。

/151

返回旧时纯朴的老画面 就是喜欢旧旧的空间感，没有尖锐刺眼的光影，而是斑驳、剥落的老画面，以及水泥粉光材质纯朴的原色，至于坚毅不锈钢台面则给人实用的印象，让家重返旧日朴实无华的美感。图片提供_浩室空间设计

▶**搭配技巧。**为追求更朴实美感，除了水泥粉光墙面完全不上漆色外，厨具门板与地板的板材选择了作旧质感的款式，让氛围更到位。

/152

爱上自己做菜的身影 镜子在空间的使用，始终存在着许多禁忌，但最主要的原因，还是镜面材总是挥之不去的脆弱感，不过像这样局部用在厨房的巧思就很讨喜，修饰结构之外，内部还藏了收纳空间，并与相邻的直纹玻璃拉门相映成趣，让人不禁爱上自己下厨的身影。图片提供_宇艺空间设计

▶ **功能。**面积颇大的直纹玻璃拉门，还加了金属边框来强化结构，突出的金属薄片不仅拥有美感设计，也兼具把手的实用性。

/153

卧榻领域，融入恬静端景 书房规划一处卧榻领域，以内凹的隐蔽格局，开启不受打扰的静谧氛围。墙面铺陈淡绿色壁纸形成墙面表情，搭配嵌墙的薄铁层板，融入展示功能，在周边白橡木材质的陪衬下，展现出素雅的墙面风貌，远观是一幅恬淡的端景意象。图片提供_近境制作

▶ **功能。**以卧榻作为主题，但同时加入宽阔的座椅台面，融入寝居主题，让客房也可以成为起居间，满足多元运用的复合功能。

/154

弹性拉门，界定卧房餐厨 居室呈开放式规划，为区隔卧房与餐厨空间，于二者之间加入弹性拉门设计，保持空间隐秘性，并在门斗处采用具有光泽的灰色镜面，形成延伸的视觉感，而弹性拉门则为木作建材，在多种材质的混搭下，表现出丰富的层次。图片提供_LCGA Design 禾睿设计

▶搭配技巧。餐厨区域后方，配置一面深浅色块交错而成的玻璃门板，可通往后方卫浴空间，不仅充满时尚美，更让采光可互通有无。

/155

素雅质材，打造静思空间 卧房保留楼板形状，呈现度假小木屋的尖屋顶造型，充满童趣氛围，并在墙面上展现素材质感。通过水平肌理延展空间尺度，并让两侧立面连接天花，施以白色喷漆处理，通过大面积的留白美，给予居者一处静思沉淀的生活空间。图片提供_DINGRUI 鼎睿设计

▶材质。床头墙采进口PVC（聚氯乙烯）编织壁布，呈现素雅沉稳的肌理。一旁的衣柜门板则特别加厚，表面为实木喷砂板，展现天然之美。

154	156
155	157

/156

异材质拼贴出墙面立体表情　开放式的客厅，以大气L形沙发描绘出功能空间的具体轮廓，清浅空间的配色衬出深灰布面的简约沉稳。墙面运用水泥板、石头漆、木皮组合而成，不规则的线条因为配色显得生动立体。通过自然材质、沉稳色系的墙面搭配，令空间表情更加有层次。图片提供_Z轴空间设计

▶**工法。** 在铺贴墙面前，需先切割水泥板，就石头漆与木皮部分做出预留空间，水泥板硬又脆，切割时需格外注意。

/157

木模壁纸轻松模拟原木质地　电视主墙大面积铺贴木质纹理壁纸，逼真的明暗纹理，为住家带来冷调自在的休闲氛围。电视墙下方为木作平台，特意选择鲜黄色作为抽屉色，在整体呈现灰阶色调的室内厅区，显得格外亮眼、有朝气。图片提供_Z轴空间设计

▶**材质。** 进口壁纸表面呈现"木纹拓印感"的木模表情，浅浅凹凸的逼真纹理，施作上也比油漆、木作更加快速、方便，提供喜爱自然风住家的户主另一种选择。

/158

材质转换增添墙面趣味 整体空间虽大面积采用灰色系，但隔间材质原本已经具备的纹理，为空间注入了古典元素。隔间墙中段位置为通往书房的门板，灰色铁网门板延续墙色的灰，让沙发背景墙不会因为材质改变而失去一致性，反而借由材质的转换，为墙面带来更多有趣的视觉变化。图片提供_怀生国际设计有限公司

▶ **搭配技巧。** 一道墙面同时运用多材质搭配，不仅丰富了视觉感受，也让墙面具备更多可能性。

/159

墙面变化创造生动表情 一般人对于墙的设计多半没太多想法，不过看看这个家的墙面，从最远端的书柜墙，至结构柱旁的斑驳端景，最后到厨房的水泥粉光墙，不同区域有着不同层次，让墙面不再被忽略，甚至跃升为空间设计的主角。图片提供_浩室空间设计

▶ **搭配技巧。** 未上漆的水泥粉光墙以不均匀的灰黑纹理衬出白色结构柱上的凿痕，彻底贯彻颓废、怀旧的精神。

158
159
160

/160

根据卫浴使用区域，运用不同墙面材质　卫浴分为盥洗及浴厕两部分，盥洗墙面为水泥粉光，但在进入浴厕的部分下方2/3墙面加铺上瓷砖，以起到防水的作用，清洁整理上也更为容易。图片提供_诺禾空间设计

➤**工法。**虽然水泥有很好的吸湿与排湿特性，但仍要做好防水处理，在容易接触水的部分以防水性佳的瓷砖完成较为理想。

/161

低调华贵的玄关焦点 委托设计公司装修居家的户主，多半都希望能有个大气玄关，因此设计师先在正对大门的端景墙上逐次施工，叠出活泼的立体几何图案，然后再以仿古金箔细腻涂装，刻意低调的消光处理不仅能保有金、银箔天生的贵气，还不至于太张扬，以免抢尽周边其他素材的风采。图片提供_古铖室内设计

➤**工法。**金、银箔涂装最重要的前提就是底板要够平整、光滑，一点儿疙瘩都不能有，所以木工师傅事前一定要多次抛磨，才能呈现最好的触感与视觉效果。

/162

奢华感无可取代的皮革墙 最近几年装潢设计界各类皮革素材当道，但基于环保意识和预算考虑，使用真皮作为墙面造型的例子并不多见。一方面也是因为科技进步，各种皮纹比真皮还漂亮的人造压纹皮革纷纷上市，无疑为气候湿热的台湾提供了更优质的选项。图片提供_古铖室内设计

➤**细节。**皮革绷制的过程中，最重要的就是底下的框架是否平整，而立面常用的导角、压条的工法，主要是让收边的质感更精致。

/163 + 164

复古开关壁灯，灰墙玩艺术 新屋内部先做局部拆墙，让磐多魔地板延展全室，创造质朴的视觉感受，并于水泥粉光墙面装设复古老开关与金属壁灯，让银灰色调呼应整体灰阶。墙上照明灯饰则增添了空间的艺术质感，同时装设明管修饰，充满裸露工业风。图片提供_KC design studio

▶ **材质。**装设管材作明管修饰，质地较轻薄，可让搬运施工更为方便，相较起PVC管材质，也较为坚固耐用。

163	165
164	166

╱165 ＋ 166

秘密基地的墙面入口 客厅后退的墙面,仿佛在隐藏一个秘密的入口。选用水泥板材质,带入墙面与地板的视线延伸,赋予整体连接性。墙面上不规则的沟缝线条让门板紧闭后,存在性悄然噤声,让重视隐私的男主人可以放心招待来访的客人。图片提供_北欧建筑

▶设计。重视隐私性的男主人,把居家最私密的起居室藏于最热闹之处。选用低调的配色,与地板呼应,墙面处理为门板式的设计,是最富巧思的手法。

/167

裸妆素白的清新自然主墙　纯粹原色的床头设计相当具有疗愈舒心的效果，让人在此可卸下一天疲惫而获得满满能量的补给。整个床头墙面两侧以自然的原木铺陈搭配裸白色皮革的主视觉设计，不仅让人摒除杂念，更有回归自然的美感。图片提供_澄橙设计

➤**工法。**除了以原木纹理与节点来强化自然美感外，在白色皮革上还运用车缝造型与线条来突显工艺美感。

/168

粗犷水泥裸墙秀出Loft风格　刻意将墙面上的旧壁纸撕除，并裸露出原始质朴的水泥材质来打造出Loft设计的粗犷感。另一方面将厨房与客厅的墙面挖开，以维持开放互动的轻松格局，更加落实Loft风格的不拘个性。图片提供_澄橙设计

➤**搭配技巧。**除选择以铁件层板来丰富厨房吊挂功能外，在客厅家饰部分则摆设户主喜欢的老件家具与水晶灯来强化复古感。

/169

少即是多，精炼到极致的清水模　清水模墙面的灰色调，相当适合表现空间的稳重属性。更有趣的是，这道看似一体成形的墙面其实隐藏了两扇门，将过多的修饰元素一口气削弱，并利用黑与驼色皮制沙发，制造出一种让人身在其中不自觉地凝思与专注的氛围。图片提供_虫点子创意设计

▶工法。重视技术与细节的清水模，是整个空间的主角，利用其利落的线条以及清爽的颜色，点缀出空间的精炼质感。

/170

使用异材质，为空间聪明加分　居家的零碎空间该如何使用呢？其实可以考虑在门板后较高的墙面上使用不同材质区隔。墙面水泥墙与甘蔗板的交错使用，让空间生色不少，最后在甘蔗板上加个挂钩，就可简单收纳帽子、围巾等物品，既方便亦可让空间呈现层次。图片提供_彗星设计

▶搭配。异材质的使用可以让空间产生对话，灰色与棕色肌理的墙面搭配，让人一踏入此空间，便陷入了丰富的空间表情里。

／171

原始材质突显空间质朴气质 台北巷弄的老公寓，不再添加任何复杂元素，反而回归到原始自然状态，利用单纯的水泥粉光墙面，架构出没有杂质的居住空间，再适量以木素材作点缀，为略显清冷的空间注入温度。图片提供_艾伦空间设计

➤**工法**。原始墙面不够平整，因此将墙面剔除至看到红砖墙再施作水泥粉光，水泥墙面也变得较平整、光滑。

／172

雅痞质感的金属皮革墙 在以灰黑为主色调的空间中，金属皮革质感适度地缓和了冰冷感，同时让画面酝酿出超质感的雅痞风格；而且有别于一般局限于沙发背景墙的装饰手法，设计师将皮革感延伸至走道与私密区，完全是精品装修的设计品位。图片提供_法兰德室内设计

➤**工法**。除了金属皮革材质的别致感外，通过不同墙面各异的拼接尺寸，也呈现出更为细腻而具变化性的切割画面。

/173

黑格子镜墙内的秘密 在充满工业风的卧房内，设计师选择以铁件架构的格子镜墙来整合杂乱的生活功能画面，将床头右侧的卫浴区与床尾的更衣室通通藏进整齐划一的镜墙拉门中，这样设计也让卧房可以美美地开放作为客厅的背景。图片提供_法兰德室内设计

➤ **材质。**整合卫浴间与更衣室的格子门板，选择灰玻璃可让墙面略为反光而避免杂乱感，也增加了画面景深。

/174

随兴、自然的白色手感墙 水泥墙面不只有一种样貌，利用涂抹水泥，将使用粗底表面做出随兴的斑驳感，单调的平整墙面因此更有层次变化。水泥本身的灰色调对田园风的空间来说显得过于沉重，涂上米色的漆增加了明亮感，同时搭配刻意安排的灯光，成就了展示区最好的背景墙。图片提供_艾伦空间设计

➤ **工法。**利用镘刀涂抹水泥时做出墙面不规则的斑驳感。

/175

永远流行的黑白经典 黑与白的组合一向是时尚圈永远流行的经典。在餐厅里摆设白色长桌、白色吊灯、透明塑料餐椅，后靠的端景就是一座悬浮的黑色高柜。设计师以黑色烤漆玻璃为基材，搭配精算过的分割比例，烤漆玻璃本身不如黑镜犀利，可以发挥较柔和的视觉效果。图片提供_宇艺空间设计

➤ **工法。**通常这么大块烤漆玻璃拼接时，首先要注意结构安全性，其次是不同的导角、收边方式，可以创造不一样的视觉效果。

/176

大量镜面增加空间视感 一般居家的卫浴空间占地面积并不大，因此刻意采用镜柜、镜墙与通透玻璃，便可制造出宽阔空间。用中性色作为主色调，同时可以让人感受到放松与自在的舒适感，打破了传统卫浴空间的实用性独大，让冲澡也可以抚触到你的心灵，并使用瓷砖墙面既好清洗又不易脏。图片提供_虫点子创意设计

▶ **搭配技巧。**浴缸的前方其实安排了一个贴心的设计，液晶电视的摆放，让户主在轻松泡澡的同时，也沉浸在娱乐享受之中。

177

异材质拼贴出墙面表情　客、餐厅主墙合并设计让空间有显大的效果。整体以"灰"为主轴，运用大面积的板材与灰镜作异材质拼接设计，让墙面在同一色调中演绎出更多细腻的变化。同时，还顺势将客厅与餐厅的区域作出区隔。图片提供_法兰德室内设计

▶**搭配技巧。**镜墙除了配合沙发背景墙而选择灰色调外，同时反映出电视背景墙的丰富多彩以及更多的景深效果。

178

高反差的时尚工业风　说实在的，坊间不断推陈出新的材质元素这么多，怎么搭出与众不同的质感，不是照本宣科就够！图中设计师以水泥脱模后；仅以初步皮层保护的原始墙面做基底，拉出适当距离再架上简约的铁件格柜，好让背景光可以自由流动于柜后。图片提供_宇艺空间设计

▶**设计。**大家注意到了吗？除了格柜本身的利落轻薄，设计师还在直列的隔件侧包明镜，让水平视线感受复数反射延展的趣味。

/179

为家调整好体质的玻璃砖墙　三十年的阴暗老屋，因采用玻璃砖墙设计而顺利引入玄关的自然光，再搭配净白的电视墙，更提升了空间亮度。另外，在电视背景墙上运用利落线性设计构筑出多角图形的造型墙，呼应灰阶色调的沙发背景墙，使空间呈现出清新幽静的氛围。图片提供_法兰德室内设计

➤**搭配技巧。**与实墙相间穿插的玻璃砖墙不仅为室内争取了更多的采光，也让空间内的家具陈设更有立体感。

/180

宛如大型框画的主墙设计　人们习惯将电视背景墙当做客厅或公共区域的主角，不过这个吸睛度十足的造型电视背景墙，作为空间主角绝对当之无愧！设计师以质感绝佳的毛丝面不锈钢搭配底部石材，突显主墙前卫的金属质地，内退的立体折面展现精湛的结构工艺！图片提供_宇艺空间设计

➤**工法。**每一块金属面的衔接，都经过无比细腻的收边处理。底部电视荧幕两侧与下方，将音响面板一体嵌合，设计与施作的精巧度无懈可击！

181

精美镜墙创造倒影虚实趣味 各式镜面材是空间设计里经常用来放大空间感、创造光影投射效果，或者弱化压迫性结构的理想素材，搭配设计师使用的时机、位置、分割比例与技巧，镜面就可以随着不同的光照条件与观者视角，赋予空间千变万化的迷人风姿啰！图片提供_俱意室内装修设计工程有限公司

▶ **工法。**保持镜面洁净最大的敌人有三：异物敲击、指纹与湿气，所以最好使用在动线远端或人们肢体不易直接碰触的位置，尤其是家有幼童的空间。

182

以色调拼贴的异材质空间　以灰色组构为主视觉的无色彩空间，使用水泥墙面的纯朴质地，与雾面地砖的写实触感作为细节的铺陈。有别于滑面的地砖，雾面更适合水泥粉光的墙面，为容易显得单调的空间增添层次变化。图片提供_法兰德室内设计

▶ **搭配技巧。** 该区域虽然灰色空间蕴含不同层次的基底调性，若是以橘红色的沙发椅注入其中，反而更能为空间增添活力，制造视觉焦点。

183

奔放现代的红绒布画墙　处于大厅中最引人注目的视点上，为了展现聚焦功能，设计师选择以耀眼的红绒布绷制成格状画面，搭配周边如画框般的木工设计及灯光照射，让墙面宛如一幅画般地存在于大厅。图片提供_诺禾空间设计

▶ **材质。** 为了强调墙面的奢华尊贵感，特别选择具闪亮光泽的红色绒布，而周边如框的木作也以黑色亮面烤漆来强调层次。

/184

金属石材，交融现代与粗犷　以浅色大理石铺陈地面，呈现比例合宜的深灰色调，形成沉稳的居家感受。而电视主墙则与梁柱结构结合，并采用双面设计，在界定客厅、餐厅的同时，也让两空间的视觉感获得满足。墙体以镀钛金属做包覆，增添了不少科技时尚感。图片提供_近境制作

▶**工法。**电视墙每个细节都严格考究，转角皆以鸟嘴接工法处理，用以克服45°密接破口的问题，也增加了整体的细腻度。

/185

环氧树脂与清水模墙完美搭配　工业风与现代感空间最适合使用环氧树脂材质。利用水泥的粗糙表面，能够显现环氧树脂的光亮特性，搭配上清水模的墙面，使整体充满浓厚的工业风格，呈现别具魅力的视觉美感。图片提供_云邑室内设计

▶**材质。**环氧树脂无接缝的特性不仅耐磨、附着力强，更不必再为了打扫缝隙而伤透脑筋。明亮薄透的效果，相当适合与水泥等原始材质混合搭配。

/186

以象牙表布勾勒雅痞休闲感　延续公共领域的优雅氛围，卧房大面积围塑象牙色表布，并以深色木作勾勒出利落线条，低调简约的设计让卧房墙面极具特色，却又不会因设计过于繁复而让人无法沉淀心情。浅色系原本就具有延伸放大空间效果，但不同于纯粹的白，象牙色给人感觉更为柔和、放松，与大量的木作搭配更能完美呈现户主期待的精致休闲风格。图片提供_怀生国际设计有限公司

▶**搭配技巧。**在卧房空间比起纯白色，米色、象牙色等更能营造舒缓的休闲氛围，且同样属于百搭色系，不容易出错。

182	184
	185
183	186

/187

红砖墙成为最佳展示背景　利用仿真度极高的进口红砖壁纸，打造一道复古随兴的红砖墙。搭配砖墙的怀旧感，以铁件、仿旧木材作为层架与收纳柜的素材，借此塑造出一个极富味道的风格角落。收纳的皮革和成品，则是增添空间个性的最佳装饰品。图片提供_隐巷设计

▶**搭配技巧**。以铁件、粗糙木皮，搭配复古红砖墙，展现原始材质手感。

/188 + 189

以颜色调和，混搭相异材质　呼应别墅外围的绿意庭园，公共领域也带入大量的自然元素。位于餐厅的墙面采用自然石材，石材原始的肌理纹路立刻成了令人惊艳的美丽墙面。另一侧则是单纯却透露沉静的清水模墙，虽是简单的一道短墙，却也为空间注入了一份宁静的氛围。图片提供_怀生国际设计有限公司

▶**搭配技巧。**虽然运用不同素材，但以灰色统一视觉，让材质可展现其特色，但又不至于因元素过多而让空间变得混乱。

190
干挂施工法让石材耐震不裂纹

提示。因为台湾是地震频繁的地区，选用石材装饰墙面可以采用干挂施工法，将石材直接挂于墙面或空挂在钢架上，通过此种工法施工的墙面较耐震，且不易出现裂纹。

191
涂料与空间线条相反处理

提示。涂料使用横纹处理可以与空间里的垂直线条作整合，降低空间给人的垂直重量感，而直纹处理也是同理可证。

192
石材薄片保留大气减少笨重感

提示。希望在墙面运用石材大气的风貌，又担心笨重感，可将石材切成薄片贴于墙面，这样石墙显得较为轻量，施工过程也能简化。

193
拼接板材注意表面翘曲与色差

提示。运用板材拼接要注意空气中湿气可能带来的表面翘曲与色差，大致上已经涂装完成的表面较为安定，而还留有毛细孔的表面则要预留足够的伸缩缝。

194
瓷砖与马赛克适合厨卫

提示。易清洗的瓷砖与马赛克，相当适合作为厨房与卫浴的墙面，让清扫更为简单不费力。

195
石材面积50厘米×80厘米以下

提示。石材运用在墙面上因石材厚度不一，从5厘米到15厘米都有，考虑到墙面的载重，最后使用面积最好为50厘米×80厘米以下，再大则因过重不适合做表面饰材。

196
运用自然光让石材细节突显

提示。石材颜色有时较为暗沉，容易让室内营造成洞穴的视感，可运用石材本身的特质搭配自然光线照射，让细节被突显而丰富。

197
仔细对花让视感完整

提示。转弯弧度的石片连接，或是砖材拼接都需要仔细比对花纹，做连接拼贴才会让墙面设计视感更为完整。

198
选用具有多重效果的环保材

提示。钻泥板为加工木材、水泥与矿粉等多元材料混制而成的环保材质，具防火、防霉、防虫蛀与变形，蜂巢状孔隙提升了其吸音、吸湿以及隔热效果。

199
异材质拼接留心导角与收边方式

提示。异材质拼接除了注意结构安全性以外，不同的导角与收边方式都非常重要，亦可以创造不一样的视觉效果。

2

功能

墙本身在房屋建筑设计中就是不可或缺的，
而除了支撑与界定的功能外，
在人们的使用需求下，
渐渐拥有了多种功能。

界定

图片提供_法兰德室内设计

图片提供_法兰德室内设计

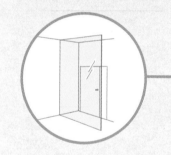

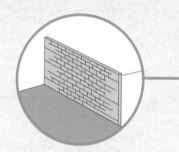

/200
穿透玻璃隔间，厚度约10毫米

概念。想要区隔空间却又不想产生隔阂，用玻璃最适合，可界定空间又视野穿透，营造宽敞景深氛围。用在隔间的玻璃多半选用强化玻璃，可以避免撞击破碎的危险，厚度在10毫米左右。

/201
半高墙面高度在90~100厘米

概念。半高墙虽高度只有一半，但区隔作用不减半，既不影响采光视觉，同时也能发挥隔间作用。如果是作为沙发背景墙一般高90~100厘米，如果是结合收纳的柜体通常可以做到150厘米左右。

图片提供_近境制作

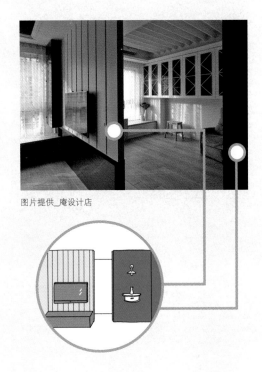

图片提供_庵设计店

╱202
局部镂空保有光线和空间穿透

概念。扮演区隔空间的墙面,可采取上端或是不规则错落的开口设计,暗喻另一个空间的存在,加上视觉与光线依旧能够延伸保留,空间达到独立却又开阔的效果。

╱203
多层次墙面界定更趣味

概念。空间以两道主墙做切割划分,不仅达到区隔不同区块的作用,也让空间呈现更具趣味与新鲜感。

/204

利落隔墙取代隔间 开放的空间免不了会有一些突兀的结构梁柱干扰视觉美感，设计师特地打造一座∏形白色隔墙，修饰结构柱并兼作客厅别致的电视墙，顺势将过大的客厅空间分成主客厅与附属休闲区两个区块，但保留景深共享的视觉通透感。图片提供_俱意室内装修设计工程有限公司

▶设计。这个设计除了修饰现场结构梁，同时也借着隔墙往上的天花板加宽，一并处理灯光、音响、空调等必要的生活、娱乐功能设施。

/205

解决穿堂煞的玻璃隔屏 设计师特别于玄关处设置玻璃造型隔屏，再贴上一层3M纤维贴纸，呈现出半透明的效果，不仅使光线微量穿透而不显压迫感，又拥有恰当隐秘的遮蔽性。图片提供_相即设计

▶设计。灰色玻璃屏不仅解决了一入门的穿堂煞，更与结合了聚宝盆的穿鞋椅搭配，满足户主对于风水和实际使用的功能需求。

204	206
205	207	208

╱206+207+208

美妙的大自然就在你家　区隔客厅与主卧房的电视墙，使用深具质感的文化石，其背后的主卧大面积的窗户，主要为了可欣赏户外的河景。因此，从户外流入室内空间的自然光，软化了空间的调性，搭配客厅沙发背后的集层橡木多纹理墙面，宛如徜徉于大自然中。图片提供_虫点子创意设计

▶ 工法。在文化石电视墙下的悬浮处理，是为了增加收纳空间而作出的设计，可将物品放在下方收藏，兼具美观与实用。

/209＋210

两道主墙的视觉分割 空间以两道主墙的切割划分，区隔出不同区块的运用。左半边白墙是电视墙，右半边的蓝色墙面则巧妙分割出两间浴室的空间，前短后长的墙面也带出层次感。而前墙加装了壁灯和装饰型桌面，点缀了细节让墙面不至于过于单调。图片提供_庵设计店

▶ **多功能。** 6厘米厚的前片蓝墙提供了门板收纳的空间。将木作烤漆搭配灰玻璃的门板拉至白墙处，便可区隔出一个独立空间，可用来当做临时客房使用。

209	211
210	212

/211

造型拉门立面，展现童趣图绘 餐厨空间通过木材质建构清爽氛围，并在右侧做出拉门，形成领域之间的弹性界定。而拉门立面则突破了白墙的制式表情，于表面加入不规则错落的小圆洞设计，不仅可当做门扇把手，更以圆润的语汇增添了空间的活泼度。图片提供_KC design studio

▶工法。拉门材质为平光雾面喷漆，须施作于密集板上，需先请木工师傅挖好圆孔后，再整面粘贴于拉门板材的粗底表面。

/212

立面形成廊道，串联公私领域 规划连续的白色立面，形成一道居家廊道，串联起公共空间与私领域，并延伸居宅景深、打造端景意象。而立面下方则内嵌黑色烤漆铁件，规划可摆放家饰、书籍的小巧内凹空间，注入宛如艺廊般的展示主题，赋予墙面实用功能。图片提供_近境制作

▶材质。墙面采用低密度的密集板烤漆板材，以大片的白调作为背景，融入局部黑色色块，形成宛如琴键般的色彩对比之美。

╱213＋214

铁灰烤玻成孩子的涂鸦墙面 客、餐、厨区是30平方米出头的狭小空间，顺应户主的烹调习惯，需再将厨房独立区隔，为了降低厅区面积缩小所带来的影响，设计师便以铁灰色烤玻作为拉门表材，亮面反光特性降低了实体隔间的封闭压迫感，能够随兴在上面涂鸦、笔记的方便性，更为居住者带来更多使用乐趣。图片提供_Z轴空间设计

▶ **工法。**拉门采用上轨吊挂设计，由于烤漆玻璃重量不轻，故需先预估整座拉门实际总重，再挑选符合载重的五金铰链，以保障使用安全。

/215

粗犷主墙，形塑人文风貌 通过低彩度设定、对比强烈的素材，为居家带进现代简约、低调人文风格。电视主墙即以粗犷深色大理石为媒材，并规划一体两面设计，成为客厅、餐厅之间的隔屏。并融入娱乐与收纳功能，同时让隔屏形成穿透规划，让居家采光可自在流通。图片提供_近境制作

▶搭配技巧。餐厅墙面挂画为艺术家李皓作品《未来的消逝》，以黑白色调营造渲染意象，与居宅色调形成协调美感，充满内敛品味。

/216

双面装饰石墙好通透、好多功能 区隔书房与客厅的电视主墙，除了运用双面石材来满足装饰性外，并将墙面上约三分之一高度部分采用玻璃材质，让墙的两侧空间能有穿透与放大感。右侧格栅般的装饰线条则兼作大门与客厅之间的屏风墙功能。图片提供_法兰德室内设计

▶材质。电视墙因需满足玄关、书房与客厅三个空间的功能需求，因此将厚实石材、穿透玻璃与铁件线条复合运用，达成穿透与装饰等多功能。

/217

弹性隔间墙，糅合中西美感 将门板与墙面结合，形成空间弹性的寝居领域，兼具了隐私与半开放性，关起门，即形成与外部隔绝的完整立面，并保有通透感。通过中式古典气息的门扇设计，搭配墙面的质感壁纸，形成中西交融的美感。图片提供_DINGRUI 鼎睿设计

▶工法。门板以地铰链方式进行安装，通过精细的铁件工法，选用镀钛作为门板框材质，达到具色彩饱和且保养容易的优点。

/218

"石"阶而上，形塑趣味意象　设计师为居所注入"剧场"主题，在室内空间注入阶梯建筑语汇，并让地面、梯面采用相同的灰白色大理石，使地面延伸向上，展演出层层堆叠的律动美感，刻画充满立体感的空间力度，带出拾阶而上的空间意趣。

图片提供_近境制作

▶搭配技巧。以玻璃砖打造隔墙，保持互通有无的隐约光线，并在一侧做出局部透空，在视觉上与实体阶梯产生连接，营造前后景趣味。

/219＋220

轻与重的空间平衡 原本是老房子的格局，在设计师的改造下，重新调整格局，将主卧与书房结合，白色电视柜同时也具有区隔两种功能空间的作用。在电视柜背后的深色配置，采用染色橡木，简单营造出含蓄沉稳的氛围，让人身在其中不禁陷入沉静思绪之中。图片提供_虫点子创意设计

➤**搭配技巧**。溢出来的深色橡木地板梯面与白色电视墙重叠，同时又与浅色橡木地板交会，这是增加空间层次感的聪明设计。

/221

清玻引光，糅合内敛氛围　在床头墙后方规划卫浴，打造流畅的作息动线，同时降低空间彩度，以素雅调性形塑内敛氛围。并善用对比强烈的素材，采用木纹壁纸铺陈床头墙，一旁则结合清玻门板，并让卫浴的灰色石材立面作为景深背景，增添空间层次。图片提供_近境制作

▶ **搭配技巧**。设计师于居宅中舍弃门板，让此卧房与公共领域产生开放连贯，搭配具有透光特性的玻璃，解决廊道与客厕的采光。

/222

玄关展示台，展现端景美感　入门玄关处配置一面木材质块体墙面，正好与地面的拼接材质线切齐，分界了玄关和书房区域，不仅形成一种空间界定，更搭配上方悬吊灯饰的温暖光源，形成一幅转角处的恬静端景。而置物台水平线与灯饰的垂直线条，也勾勒出了线性的美感。图片提供_近境制作

▶ **搭配技巧**。墙面不做到顶，成为一独立块体，在区分领域的同时也保有空间互通感，并将展示台嵌在墙面下方腰线处，平衡整体视觉。

/223

清若无物的通透感 家中不同的空间区域，使用拉门弹性隔间的做法已经很普遍，以这个案子为例，设计师就在功能上可相互支援的餐厅与亲子书房之间，打造中央大跨面固定、两边设置横拉门的轻盈隔间，创造流畅的自由动线，也让两者可以共享景深。图片提供_宇艺空间设计

➤工法。清透的玻璃如果太干净，其实也隐藏着相当的危险性。为了预防碰撞，设计师也在玻璃面偏下方约2/3的位置，拉上金属横线条，提醒使用者玻璃的存在。

/224

涂鸦兼储物，好用也好玩 刻意将位于大门口的玄关柜加深厚度，好让柜体除了刚好区隔出玄关区外，也可以达到双面使用的橱柜功能，不仅在外侧可顺利收纳玄关鞋物，在室内侧也是容量可观的收纳门柜。图片提供_澄橙设计

➤设计。玄关柜除了具有大容量且内外双用的收纳设计外，在内侧特别涂上黑板漆，让小孩可以在此尽兴涂鸦或留言，令墙面更好玩。

/225

时尚轻盈的不锈钢电视墙 位于厅区中央的不锈钢电视墙为住家最抢眼所在，在浅灰与白的空间中，表达科技现代的利落、清爽主题。电视墙后方则是通往私有空间的动线，不落地的悬浮设计，令空间感觉更加轻盈。不锈钢电视墙的背面铺贴烤漆玻璃，是留给孩子们低调画画、涂鸦的秘密区域。图片提供_Z轴空间设计

▶ 工法。不锈钢板宽度是既定的，约为120厘米，所以大面积使用时需将多块不锈钢板作连接，需经过焊接、打磨、抛光，才能使接缝处细致自然。

/226

轻质拉门，保有延伸视野 书房空间以铁件、玻璃构成长约两米的弹性拉门，并在门板加入几何色块设计，创造独特的人文气息。而书房内不仅可供阅读写作，更于窗下规划卧榻区，搭配良好的采光，成就一处可休憩、过夜或阅读工作的多功能空间。图片提供_LCGA Design 禾睿设计

▶ 搭配技巧。门板采用通透的玻璃材质，让光源可随意穿透流通，同时于拉门上方加入轨道灯规划，让墙面多了几分艺术表情。

225	227
226	228

/227

芥末勾边圈出居家动态生活画 沙发背景墙以白色烤漆为主，巧妙地运用芥末色勾边，圈出一方有如空白画纸的墙面，从沙发、茶几、吧台等静物，到居住者或坐或站的各种动态活动，皆成为一日多变的居家生活画。客厅与厨房间运用玻璃拉门作区隔，解决油烟问题，平时可隐藏于背景墙缝隙中。图片提供_Z轴空间设计

▶**工法。** 连动式拉门拥有各自轨道，能够将四片拉门轻松循序拉出。隐藏式拉门需注意门板收纳时所需的回旋空间与厚度，才能保障使用时的便利性。

/228

通透隔墙，串联公私空间 设计师调整客厅格局，拆除客厅、卧房原先的隔墙，重新做一道新墙，借此拉大卧房尺度。并为了保有流通采光，刻意不将墙面做满，规划局部的通透玻璃材质，让公私领域视野可保有连贯，使光线可渗透到居宅各处，照亮室内。图片提供_LCGA Design 禾睿设计

▶**搭配技巧。** 整体以黑、白、灰作为主调，阐述内敛的人文风貌，但为让卧室减少冰冷感，也通过跳色家具的陈列，带进温暖的彩度。

/229

柜体结合门板,打造弹性区域 展示墙采用顶天立地设计,置物台面用以摆放艺术品,成为居家端景。并同时界定了餐厅领域,两边配置弹性门板,可拥有安静隔离的用餐区域,兼具展示、门板、隔间等多功能。餐桌则结合吧台,形成顺畅动线。图片提供_DINGRUI 鼎睿设计

▶搭配技巧。顶天立地的端景柜采用订制尺寸,宽度对齐天花板出风口,搭配两侧门扇,重整格局,形成工整对称的美感。

/230

突破制式立面,串联领域空间 通过垂直发展的空间线条语汇,开创出独树一帜的建筑架构,巧妙区划出走道、客厅、餐厅、厨房、书客房与卧房的动线与格局。在框架式格局的巧妙安排下,舍弃门板与隔间,让空间彼此串联又产生层次,间接产生面积放大的错觉。图片提供_近境制作

▶材质。以清新的浅色钢刷木纹作为主调,搭配雕刻白大理石墙,融入木皮的温润与石材的纹理,通过材料肌理展演出立面温度。

/231

多元并置的元素表达丰富层次 三角形空间借由水泥墙的区隔，以及巧妙的木质空间，缓和了原有的锐角。水泥墙上的梁柱装上了一整排的出风口，以改善木造空间长条形区域不通风的情形。白色墙面或许让观者看似单调，但独具巧思的画作丰富了空间层次。图片提供_甘纳空间设计

▶搭配技巧。高彩度的蓝色，可以增添空间的活泼性，减弱原本水泥墙带给人的厚重感，让整体配置的灵活度大大提升。

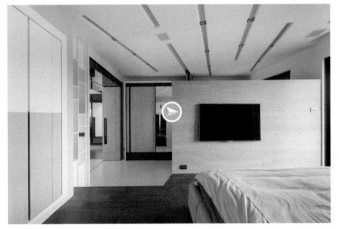

/232

木质墙面，释放温润气场 卧房规划一面浅色木质电视墙，与深咖啡色的木地板形成色差层次。并刻意让墙体上方不做满，搭配天花板的嵌灯线性规划，形成无限延伸的视觉感。左侧则规划功能柜体，柜门刻意在墙腰以下加入大地色彩，展现温润的人文气场。图片提供_LCGA Design 禾睿设计

▶设计。电视墙同时身兼隔墙作用，墙面后方为梳妆台与开放式洗手台规划，与睡眠区形成完美界定，打造流畅的起居动线。

/233

木皮拉门，规划弹性区域 餐厅后方为书房，配置移动拉门做出两者之间的领域界定，让阅读空间享有弹性规划。一旁则以清玻作为隔间墙，注入通透视感与流动采光，并于拉门上配置水墨画作，运用极简的色彩呼应整体居室调性，营造具禅风的人文气息。图片提供_近境制作

▶材质。门板采用木皮材质，并做染深钢刷处理，在橡木的材质特性下，有着上色性佳且价廉的优点，又充满质朴的天然纹理。

／234＋235

随时切换空间属性的开关 木桌前方的五块白色门板，在会议室采用予人稳定、理性的白色。左方收纳柜亦采用规则的格位设计，型塑出强烈的秩序与统一感。而白色门板的另一面是具有花纹的壁纸，素雅的花纹反而传达出柔软调性，以缓冲两种功能交会的空间。图片提供_甘纳空间设计

▶**工法**。门板的使用可降低一般墙面的厚重感，而且有可随时翻转的功能性，让户主可以随时切换空间的属性，相当特别。

╱236＋237＋238

轻薄木隔屏藏身书柜缝隙 女孩们的房间采用镜像式设计，两边的功能柜体与家具都是相同的。根据使用需求看是两人要互动或是独处，使用橡木贴皮拉门开关作灵活区隔。拉门相当轻薄只有5厘米厚度，方便藏身于柜体间的缝隙，中央的20厘米×55厘米缺口，则是关起时与书桌嵌合的关键。图片提供＿工一设计

➤材质。这里使用的橡木乱花贴皮，是由设计师亲自到原木工厂现场订制而成，挑选偏白木皮确保喷漆后仍能保持原木色调，再将山形纹与直纹木皮组构出生动却不杂乱的面貌。

/239

清玻门扇，打造通透区域　拆除原先的厨房门板，改以拉门设计，开启弹性且通透的餐厨区域。在阻绝油烟问题的同时，亦保证了居宅视野延伸，并以白边黑框勾勒出门框的利落线条。采用清玻璃为门板材质，带进后方阳台的采光，为用餐领域注入明亮视感。图片提供_北鸥室内设计

➤搭配技巧。一旁连接墙面以浅灰色调做铺陈，并以一盏黑色古典壁灯嵌墙，不仅通过照明缓解了廊道昏暗问题，更带入一丝高雅气氛。

/240

开放格局、墙面营造通透感　沙发背景墙与电视背景墙选用相同文化石墙互相呼应，并从大面落地窗引入采光，从阳台客厅贯穿至餐厅，以开放式设计形成通透的居家风景。图片提供_KC design studio

➤搭配技巧。挑选以铁丝围灯罩的餐厅吊灯，以镂空不加修饰的外形塑造工业美感。

/241＋242

百叶室内窗，共享采光视野　客厅沙发墙采用白色格栅饰板作为材质，营造雅致感。同时开一扇室内窗，串联多功能游戏室、公共领域之间的视线，让孩子即便于游戏室内玩耍，身在客厅的父母亲也能方便照看。点缀百叶与简约线板元素，呼应随兴的美式语汇。图片提供_格纶设计

▶工法。于百叶窗两侧墙面加装木作板材，打造层层向上的猫跳台或展示台面，不仅充满实用性，更增添空间视觉趣意。

多用途

图片提供_馥阁设计

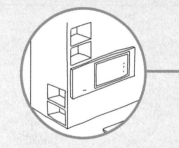

图片提供_KC design studio

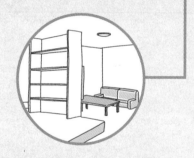

/243
分层使用

概念。如果想做一面区隔走道与室内的隔间柜墙，井口不一定都要面对同一方向。针对空间需求做上下分层设计，不仅是墙面界定，更是贴近实用性，也让空间表情更为丰富。

/244
双面柜共构完整墙面

概念。当空间深度够的时候，结合不同深浅的功能柜组成一面隔间墙，不仅符合不同空间的收纳用途，还能发挥效率。

图片提供_KC design studio

图片提供_相即设计

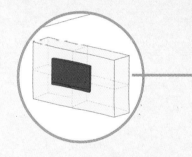

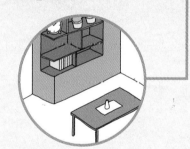

╱245

安装旋转五金，电视墙也能两用

概念。安装旋转五金不但能让电视能360°
旋转设计，如果加上事先规划好的电脑线路
或是利用背面结合柜体的设计，电视墙就能
创造两用的功能，让生活更为便利。

╱246

开放墙面展示收纳兼具

概念。开放设计以展示隔间的墙面，不仅具
有收纳放置物品的功能，也能运用摆饰展现
自我品味。

/247

化整为零的墙面活用　餐厅旁的墙面兼具展示与收纳的功能，上方是以铁件架出的展示格，下方则是隐藏收纳柜。以整片墙面的空间分配来看，大门旁的门板打开是储藏室，右边格栅门板打开则是厕所空间，是以一扇墙面整合了两个空间的灵活运用。图片提供_相即设计

▶**工法。**墙面的转角处特别配合上方的出风口，做了一个立体的切角，以细部的设计在视觉上让空间产生变大的效果。

248+249

旋转书柜，超功能书香空间　旋转电视墙将线路收整于墙体内，并把背向设定为置物书柜，以染黑木贴皮作为背景，与白色的框架形成对比。并通过格状切割形塑利落线条，塑造简练具都市感的墙面表情，打造出实用、美感兼具的功能墙面。图片提供_KC Design

▶搭配技巧。居家动线注入了看展览的游走概念，不仅让居家墙面可任意调整，更在量体上作出斜面切割，规划流畅的导引路线。

250

书桌墙面与门板的巧妙呼应　女孩房的书房由于空间不大，因此书桌以折叠方式呈现，照明灯也嵌入可摆放装饰与书籍的吊架层板中以节省空间。书桌墙面以软木呈现，而白色门板上的不规则色块则呼应了软木表面的孔洞，在细节处也展现了设计巧思。图片提供_相即设计

▶搭配技巧。利用既有空间规划出合适的配置，以折叠式书桌搭配嵌入式桌灯，巧妙挪移出更多空间，让面积不大的书房不致于过于拥挤。

/251+252

日式厨房元素的运用 在区隔客厅和厨房的墙面中段，打造日式厨房中常见的出餐口空间。餐口还加装黑框灰玻璃拉门，并配置Π字形铁框桌，左边的白色墙面推开则是走道。一道墙面有着三种功能分割，增添了空间运用的多变性。图片提供_庵设计店

▶设计。为中日联姻的户主夫妻打造日式厨房的送餐口空间，也由于家中养了许多宠物，因此左边的墙面打造成可推式的通道门板，活化了空间的运用。

/253

设计功能兼具的多功能墙 结合隔间墙与收纳的大型柜体，为避免带来压迫感采用开放式设计。收纳层板则以茶玻和木板交错，增加量体轻盈感。背板贴覆的烤漆玻璃反射特质，不仅淡化了收纳墙的厚重质感，穿透效果也化解了视线碰壁的局促感。图片提供_艾伦空间设计

▶ **材质。**柜体背板贴覆烤漆玻璃，利用玻璃具吸音特质加强了隔间墙的隔音效果。

/254

多工整合的生活趣味 单纯的连续面造型，许多对空间设计有兴趣的朋友们，应该也不再有太多惊奇了。不过大家一定要学学这张图里展现的多工整合技巧，两扇装上白色烤漆玻璃的滑门，可以兼作留言板或涂鸦区来使用，最适合给家里创作欲超强的小朋友了。图片提供_宇艺空间设计

▶ **收纳。**两扇烤漆玻璃拉门之间的木作勾缝处，打开来是实用的收纳柜，设计师利用虚实交错的手法，为生活创造了无限趣味。

/255

储藏室映出宽敞空间与风格 走道的左侧原本只是规划为储藏室，但因不希望墙面太过封闭且单调，所以选择以镜面玻璃做格子门的造型设计，如此不仅可以让走道更显宽敞，也发挥了镜墙的效果，同时白色格子门窗的设计语汇也让家更显个人风格。图片提供_澄橙设计

▶ **工法。**将墙面做三段分割，左右采用对称的门板造型，而中间则以九宫格窗配置，让画面更均衡典雅。

/256

墙面结合拉门，开创无私视野　客厅电视墙背向即为卧房电视墙，设计师于靠窗沿面右侧注入弹性拉门设计，保留了一处可贯穿公私领域的通道。关上拉门，可完美区隔卧房与客厅；打开门，即是走入卧房的另一条动线，使居家采光度瞬间增加。图片提供_KC design studio

▶设计。以灰蓝钢琴烤漆作为墙面材质，符合户主利落的性格，并内缩墙面，扩大公共区域的范畴，并于墙面注入视听柜功能。

/257

旋转墙面，强化采光通风　可大幅转动的电视架座，是空间中的特色墙面，采用纯白色背景，并加入不落地的透空设定，延展公共区域的视觉尺度，并兼顾隐私性与开放度，使客厅、餐厅可各自独立，亦可连成一气，同时也让视听娱乐不再局限于同一个角度。图片提供_KC design studio

▶设计。180°的旋转电视墙，不仅形成区域界定，也缓解了居宅仅有前后阳台采光不足的矛盾，保持整间屋子的光线与空气流通。

258

以线条与色调突显立体感　以象征赛车跑道的层板搭配立体车型装饰，在墙面上点缀了细节，加上书桌旁高低交错的组合柜，增加了小孩房一向较为缺少的线条感。而空间主体的明亮蓝色搭配黄色柜体，让对比色形成视觉上的刺激，也增添了小孩的想像空间。图片提供_相即设计

▷搭配技巧。将整体空间当作画布的概念，在墙面上以蓝色线条搭配立体装饰，跳脱小孩房总是悬挂画作的装饰手法。

259

用厚度、颜色组构新视感置物架　餐桌墙面规划三个置物层架，运用木色厚板搭配黑色薄板组构，达到延伸、轻盈、与下方黑白色调餐桌相呼应等效果。固定于墙面的L形悬空餐桌，需先将方形铁管隐藏于木板中，再与墙侧黑铁框内嵌、锁至墙中，才算大功告成。图片提供_Z轴空间设计

▷工法。为了增加层板载重，设计师特别将墙面洗沟、板材内嵌，搭配五金牢牢锁住，令居住者平常能放心使用。

/260

可自由伸缩的木结构 靠近白色大门的木格柜，并非摆放书本，而是提供给猫咪玩乐的设计，猫咪可将每一格作为游戏与栖身的场所，不仅增加了空间的趣味性与灵活度，更松动了原本人们对木格柜的认知桎梏，创造出贴合户主需求功能的休憩场所。图片提供_甘纳空间设计

▶设计。可以是墙，可以是衣柜，也可以是收纳柜，这是小面积空间淋漓尽致的使用方式，也是木材质可伸可缩的优势。

/261

光波流线为车道引路 一般停车场的车道总是枯燥乏味，谁也不想多看一眼，而为了提升社区的艺术质感，业主委托设计师在停车场的入口围墙作设计变化，利用如波浪前进的多道光带线条来达到引道、照明等功能。图片提供_诺禾空间设计

260	262
261	263

▶工法。利用木作先在墙面钉出流线带状造型，再加入间接光源应用，让停车场也像大型装置艺术般地吸引目光。

262

特色墙面，整合留言板功能　书房墙面嵌入木作板材，并采用耐用的白橡木皮，打造舒适实用的阅读场域，同时规划双人并排座位，营造未来夫妻伴读的生活雅趣；壁面上则铺述亮面烤漆玻璃，以"宝贝蓝"色彩为墙面定调，创造轻盈年轻的气息。图片提供_和薪空间设计

▶搭配技巧。烤漆玻璃可兼具留言备忘录与涂鸦墙功能，并于上方规划展示层板，替墙面注入丰富功能，便利生活需求。

263

悬浮工法创造多余空间　使用深色胡桃木的电视柜，对比包围周围的白色喷漆木芯片，在考虑面积有限的情况下，胡桃木柜与地面做出间距。看似悬浮于木地板的柜体，一方面可降低深色木柜的重量感，另一方面可增加不少收纳空间，还可摆放室内拖鞋，实用与美感兼具！
图片提供_甘纳空间设计

▶设计。梁上的黑色轨道灯，可在夜间照明在墙面上，让灯光营造空间的另一种氛围，在静美的灯光下，予人独特的感受。

/264

黑板墙界定空间又富生活情趣　在餐区以黑板漆墙面做背景，上方悬挂两盏黑铁材质的编织吊灯，晕黄的灯光，映衬着黑板上的经文，是虔诚基督徒户主佐餐时的温馨背景。单脚实木餐桌与柱体结合，形成看似不平衡的趣味视觉。大桌面延伸至入口玄关处，成为摆放钥匙小物的功能平台。图片提供_Z轴空间设计

▶**工法。**单脚餐桌需在实木板下方挖沟槽、内嵌方形管，将另一侧固定于柱体墙内，才能确保使用的稳定度与安全性。

/265

时尚前卫的多功能量体　这座黑色烤漆玻璃餐柜，颠覆了以往橱柜多半顶天立地、以创造最大储物空间的思维。上下悬空的长矩形量体，刻意附加灯光来彰显墙后的建筑物结构以丰富视觉层次。柜体中央内建电视荧幕，让它除了具有摩登的餐边柜功能之外，也多了视听墙的实用性。图片提供_宇艺空间设计

▶搭配技巧。柜体单足不对称的设计非常别致，除了柜背深入墙面的安全结构之外，包括左侧短屏风、下方突出的轻薄钢板，都是整体结构的一部分。

/266＋267

电视或展示柜主题二选一　客厅主墙因为一个活动门板，而产生了"主题二选一"的使用乐趣。为在客厅展示收藏品又不想显得杂乱，设计师直接将电视墙与收藏柜整合一处，用活动门板视情况机动遮蔽，除了达到功能与美观效果外，更为生活增添些许趣味。图片提供_工一设计

▶工法。活动门板使用铁工订制的上下滑轨套件，木作作出匚字形的包覆板块，确保轨道零件不外露，用以维持电视墙画面的完整度。

/268＋269

有趣的隔墙，令进厨房不再是苦差事　想要开放式厨房可以和家人互动，但又害怕油烟外逸造成空气污染，希望餐厅不只是吃饭的空间，也可以跟孩子一起共读、玩得更开心，这样一百分的餐厨空间就在我家里。通过一道木作拉门取代厨房墙面，轻松地控制厨房与餐厅间的亲疏距离，变出更多生活趣味。图片提供_法兰德室内设计

▶工法。除了利用拉门自由开关的灵活性，在餐厅里面还加上黑板漆可作为留言板、涂鸦墙，甚至教学墙。

/270

是屏风是端景更是收纳柜 避免开门见山的突兀格局，但又不希望玄关区完全没有
自然采光，因此在大门与书房之间安排一座屏风柜墙，而中间恰可安置端景艺术。
至于后方则作为书房的收纳门柜，多面向的设计相当实用、精彩。图片提供_近境设计

▶设计。因不希望入门屏风给人过于笨重的感觉，在材质上选用了薄铁件做架构支
撑，搭配白色喷漆的表面，层板的间距设计，以及自然透光的背景，让端景柜本身
就像个有态度的装置艺术品一般。

/271

原始氛围，前卫主墙塑亮点　电视背景墙以不锈钢镀钛作为表面材质，在刷纹色泽上，需克服阴阳面色泽不均等问题，才能营造饱满且柔和的墙面色泽。且让墙体呈顶天立体规划，但局部透空，形成空间延伸度，并于墙体内暗藏收纳空间，满足居家储物需求。图片提供_近境制作

▶工法。墙面以木作为主体，施作时与镀钛厂商现场讨论工法，先预留镀钛与门板厚度，以打造准确精密的墙体尺寸。

/272

玄关界定空间　玄关墙面不只是鞋柜更作为客厅与入口的隔间。不做到顶的设计让空间不感到压迫，而户主希望在玄关有个鱼缸，因此在柜体中做镂空设计，并使用灰镜让玄关空间得以延伸放大，而中间平台也可作为钥匙等小东西的放置处。图片提供_虫点子创意设计

▶材质。中间镂空设计让墙面不显得厚重，并加上灰镜让空间看起来更为宽广。

271	273
272	274

/273

不同功能的墙面运用 左半边墙面为美化空间的功能，右半边是架高的和室书房，可当客房使用。因此书房的墙面会以实用的功能收纳为主，除了木作门板的柜体方便收纳衣物棉被外，半透明灰玻璃门的柜子则可摆放书籍，既方便寻找又能达到防尘功效。图片提供_庵设计店

▶ 规划。大门为主要分割点，左半边在改装前是阳台，设计师将其重新规划后变成客厅，故墙面以美观为主。

/274

隐约穿透的更衣间屏风柜 为了让卧房与更衣间有所区隔，规划了一道兼具展示柜功能的格栅墙。除了让卧床区与梳妆区、卫浴与衣橱收纳领域有明显区隔外，还保留了珍贵的自然采光，让光线得以自然流通。图片提供_法兰德室内设计

▶ 材质。以灰镜与板材交错搭配架构而成的隔屏，不仅造型具有穿透美感，微微反光的材质也相当抢眼。

/275

工艺精美的私房艺廊　小面积的住宅规划，需要更加精打细算的思维。于是设计师将公共区域所需功能与风格主题，尽可能整合在这面大墙里，包括横纹壁纸衬托的背景、分割活泼的银色铁件格柜、腰段的黑烤玻璃柜兼电视墙，及底部转折衔接楼梯第一阶的L形拉抽低台，一口气满足多样化生活、娱乐需求。图片提供_宇艺空间设计

▶搭配技巧。格柜背光的方式十分巧妙，这是规划前精算的结果，也让架上的艺术品、收藏，能在灯光下展现不同风貌，打造专属的私房艺廊 。

/276

功能墙也能美得纯粹　仅50平方米的小住宅运用互为背景的设计手法，将餐厅与客厅合并开放设计，并以墙柜的色调来定位不同区域。其中在客厅的电视墙与白色柜体则利用圆弧收边线条柔化空间锐角，搭配镜面底部延伸的镜面线条，使地板有延伸放大感。图片提供_法兰德室内设计

▶搭配技巧。餐厨区的绿色墙柜是专为男主人挑选的色调，展现出阳刚气息，与白色电视柜形成明显对比，让墙面在纯粹美感与实用功能上都能获得满足。

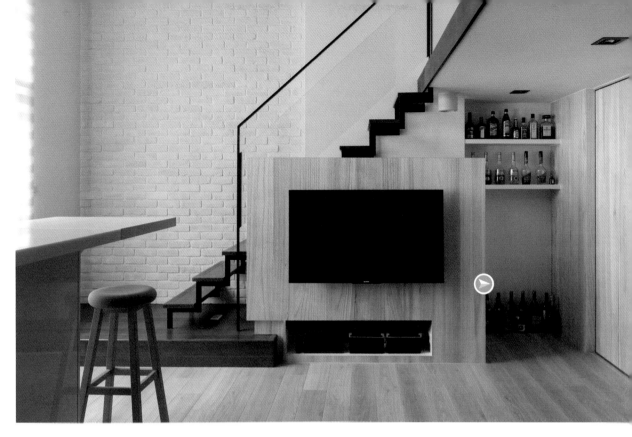

/ 277 + 278

异材质成就多功能 原本不具功能性的零碎空间，在设计师的巧手下，化为电视墙以及其右方的收纳空间。一整面的楼梯墙面采用文化石处理，在增添空间的层次感之余，对比温暖木色的铁制楼梯扶手，也使得整体感受不至于过于温润。图片提供_虫点子创意设计

▶ 搭配技巧。由于是零碎空间，因此赋予的功能越多越能有效利用空间的每一角落，譬如收纳柜的使用，让户主可以摆放杂物。

/ 279

虚实映像的轻盈光感 镜面的投影常给人扑朔迷离的新鲜感。在这座光感明快的客厅里，设计师搭配白烤铁件、镜面不锈钢、大理石、明镜、玻璃等素材，打造沙发背景墙面虚实交织的映像趣味。除了作为美轮美奂的展示柜、空间介质外，还巧妙地修饰了结构横梁的存在。图片提供_宇艺空间设计

▶ 材质。柜子上半部使用透光的玻璃，加衬百叶所以会有类似喷砂的横纹效果。柜体下半部分则是局部改衬镜子，创造似实若虚的视觉变化。

╱280+281

电视墙可收设备也是书柜 公共空间舍弃不必要的隔间，一座自然纹理大理石墙区分客厅与休憩区，释放宽阔的空间感。雕刻白大理石墙下方嵌入影音设备收纳功能，另一侧则规划书籍、电脑及传真设备的收纳区，体现多元的整理概念，空间简洁利落。图片提供_甘纳空间设计

▶ 材质。书柜层架部分舍弃木质，而是以铁件构成，除了在线条比例上较木头层板好看外，各种能力也较佳，也更为坚固耐用。

280	282
281	283

／282＋283

墙面结合吧台，小空间高效能　在30多平方米的小空间里，将高效能设计注入居家空间内。通过一片简单的立面墙，巧妙结合了电视墙、餐桌、流理台等，并采用通透不做满的低墙设计，让客厅领域与餐厨区可自由对话，产生良好的互动。图片提供_近境制作

▶ 材质。电视墙吧台采用纹理深刻的实木皮铺陈，彰显自然材质，与背景形成呼应，在光影之间形成温润自然的质感。

/284+285

正向电视墙，反向为书柜　通过一道墙形成客厅与书房之间的区域屏隔，并兼顾了两个区域的实用功能性，正向可用作客厅的电视墙，并在下方配置视听柜体空间，反向另为书房的开放式书柜。整道墙采用不做满设计，保有房屋的通透感受。图片提供_近境制作

➤ 材质。采用木作喷漆、木皮作为墙体材质，书柜表面铺陈梧桐木皮，与水平纹理的白橡木地板，形成垂直、水平两种不同的肌理美感。

284	286
285	287

/286

墙面与展示柜的细节规划 客厅的白墙约8厘米厚,视听设备的线路收纳于其中,墙壁正面的客厅空间和背面的游戏间都可悬挂电视,墙面还以线板营造出乡村风。白墙下方以镜面带出空间的延伸感,窗边则设置了收纳电器的空间,上方桌面也可摆设装饰品。图片提供_庵设计店

▶ 界定。墙面和窗户中间的双面展示柜,以不同灰度的玻璃区隔出正面与背面,既视觉穿透又区隔出主客空间。

/287

一举多得的电视墙设计 运用玄关转角进来的墙面做上收纳柜,令畸零空间运用更加淋漓尽致。而其中为了让悬挂于墙上的液晶电视和整体设计相结合,于电视后方以木板和收纳柜相接,并让原本的两格柜转至玄关走道处做钥匙等小物收纳,一举数得。图片提供_馥阁设计

▶ 设计。客厅电视柜旁的收纳除了可收纳遥控器等影音设备物品之外,也可将药箱、工具箱、电器说明书替换零件等一并收纳此处,直觉性收纳让整理更为省事。

收纳

图片提供_俱意室内装修设计工程有限公司

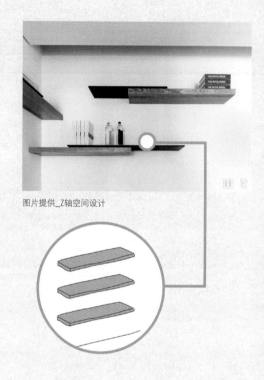

图片提供_Z轴空间设计

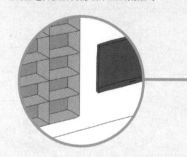

/288

木隔间应沿角材固定柜体

概念。由于木隔间是由综横交错的角材制作而成，中空处会塞入吸音棉后再以夹板封住整体墙面，若在中空处打入钉子，则无支撑力。因此在墙上加设收纳柜体时要沿着角材打入钉子，钉子宜选用具有支撑力的拉钉。

/289

沿墙面设置层板

概念。沿墙面设置层板不仅能做出足够的收纳空间，无背板、门板的设计，让柜体看起来更轻盈，并且让书籍与物品也能成为装点空间的一员。

图片提供_工一设计

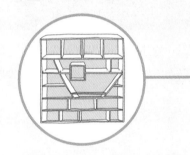

图片提供_Z轴空间设计

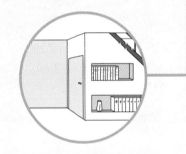

/290
几何收纳增添美感

概念。运用简洁或者几何图形为主所设计的墙面收纳，摒除繁复与多变的线条感，令空间呈现浓浓的现代风貌。

/291
畸零空间墙面别具用途

概念。一般楼梯下的畸零空间常是大家忽略的区块，除可作为储藏室外，外观墙面内凹不仅设计美观，亦能成为书架或是收纳空间。

/292＋293

内嵌书柜需注意载重　接待区与洽谈区材质相辉映，运用同样的仿木皮美耐板铺贴工作台，前方规划仿皮纹展示架供放置公司商标。右侧楼梯下方的畸零空间规划为储藏室使用；侧边书架亦利用其空间作内嵌处理，避免外突的书柜层架令动线显得狭隘难行。图片提供_Z轴空间设计

➤ 工法。排满杂志、书籍的内嵌书架将会有相当大的重量负荷，因此在结构上需要施工时加强角料、增加墙面结构力，以避免墙面无法负荷、出现扭曲崩坏等危险。

/294

斜切悬浮壁架打造灵活空间 传统柜体的庞大重量感容易压迫空间的灵活度，而在此空间中，设计师通过电视墙与壁架的整合运用，以及壁架隔板巧思作出的斜角修饰，呼应电视墙的造型。颜色上更以粉橘色油漆处以木皮收边，让大范围的柜体降低了压迫感。图片提供_彗星设计

▶搭配技巧。因为壁架位于最常利用的沙发区侧边，使用频率高，因此除了收纳外，还可随时调整展示品位置，让整理也变得充满乐趣。

/295

我家也有时髦图书馆 客厅电视墙、沙发背景墙都算是公共区域舍我其谁的装置重点，但除了单纯的装饰性，加上功能性设计当然是更理想的。像这个案例里，设计师就以古典图书馆的概念设计，加上不规则的现代几何构图与滑轨式的取物梯，让家不仅摩登，也充满馥郁的书香气息。图片提供_俱意室内装修设计工程有限公司

▶设计。仔细看，这座大型书柜并不深，说明单一柜体的功能很单纯，通常书柜只需书本2/3的尺寸，还能避免多出来的层板面积沾染灰尘。

/296

订制墙柜注入功能与质感 通过玄关柜体注入收纳功能，以墙面串联玄关与公共领域，形成延伸入内的L形导引动线。并舍弃一般常见的系统柜，改配置木作柜体，由于为量身打造、现场施作，柜体较为牢固紧密，且可做出符合居者需求的收纳空间尺寸。图片提供_北鸥室内设计

▶搭配技巧。于墙柜表面铺陈橡木贴皮，彰显温润深刻的木素材纹理，并于底部保留空间，不仅可供放置鞋子，更可创造轻盈视感。

292	294
	295
293	296

/297

美式风格主墙貌美、内在也美！ 以美式风格为主题的电视主墙，除了运用简约化的古典线板在天花板与主墙面上装饰外，两侧对称的风格门板也融入主墙中，与电视柜串联以放宽主墙的气度。而电视上端镜墙的运用则让景深有了延伸效果，也增加了整体画面的亮度。图片提供_缤纷设计

▶ **设计。** 美式风格善于将收纳功能融入风格语汇中，除了镜面与线板的穿插应用增加美感外，橱柜的厚度也恰巧可以虚化大梁形成的压迫感。

/298

几何书墙与高亮感吊灯对话 以大地灰的墙与地为空间设置底色后，再安排放入白色几何线条的书柜墙，对称而抗衡的线条力度呈现出设计美感。同时也与餐桌上高亮感的圆形吊灯相映出更多层次，形成设计语汇的对话。图片提供_缤纷设计

▶ **搭配技巧。** 通过简单自然的色彩造就出一席时尚与清新的氛围，而几何的圆、直线条则使画面更为生动活泼。

/299

如琴键般优雅的高收纳墙柜 由钢刷树木皮与灰镜结合设计的墙柜，打从玄关一路延伸进入餐厅，温润朴实的木质感画面因镜面装饰而略带时尚感，同时体量颇大的高柜也可满足大量的收纳需求。图片提供_法兰德室内设计

▶ **搭配技巧。** 在大面积的钢刷木皮墙柜中律动性地加入灰镜的跳色设计，除打破画面的沉闷感外，也有反衬与视觉延伸的效果。

297	300
298	
299	301

300

像魔法一样变出收纳空间! 墙不仅是阻隔，墙也可以是兼具实用的配置，在小空间里，每一个物件都必须具备两种功能。在右方玄关大门一进来后，右边的墙面有一个小凹槽，可供户主将自己的钥匙或小饰品放置其上，聪明利用每个零碎空间。图片提供_虫点子创意设计

▶ 搭配技巧。电视墙下方的浅色木隔层板，亦以有效利用空间作为出发点，收纳沿着墙面底下的零碎空间，由窄至宽地变化而出。

301

皮革包墙，彰显美学品位 餐厅墙面以皮革做大片包覆，搭配照明光源，衬托出材质的纹理色泽。并采用两种色调的皮革做出明暗差异，搭配拼接的几何色块，彰显现代风格。同时以无边框做成暗柜，在墙体内部隐藏收纳功能，打造功能、美感兼具的墙柜。图片提供_LCGA Design 禾睿设计

▶ 搭配技巧。受拼布手法的启发，正好与此案女户主的兴趣紧密结合，搭配吊灯的照映，成为一幅有着个人记忆的端景墙面。

/302＋303

大容量收纳电视墙　电视墙上方横有一道50厘米的厚梁，包平后柜体内嵌，并在上方设计灯光，用晕染光源降低电视墙内移所造成的压迫感。由于户主物品众多，柜体内全为收纳空间，下方为抽屉上方则是左右开层板。机柜部分用格栅镂空，方便电器操作遥控时使用。

图片提供_工一设计

➤**工法**。柜体采用强化夹板做结构，取其防水与不易变形特性，表面涂上马来漆。重复涂刷的马来漆比较厚，需要底材平整的表面才适合施作，不平的表材会导致漆的厚度不均匀，出现凹凸斑驳情形。

/304

整合柜体，打造功能墙面 于卧房规划整面功能墙面，将展示、衣物收纳等柜体结合，通过高低落差的柜体铺排，展演出现代风的美感，搭配明亮色彩与丰富采光，带入舒适的氛围。而穿衣镜的配置不仅满足日常需求，更形成延伸错觉，产生领域放大感。图片提供_LCGA Design 禾睿设计

▶ **搭配技巧。**房间色调迎合户主喜好，加入宛如天空般的浅蓝，搭配柜体的纯粹白，形成宛如蓝天白云的自由意象，打造天然氛围。

/305

木柜堆叠好收纳墙面 书房的书柜设计采用实与虚的手法展现，运用木柜堆叠呈现出开放与封闭的两种面貌。钢刷橡木木皮以喷漆处理为深、浅两色，令墙面更具立体感。柜体顺应使用的方便性，下方设置为抽屉，上方则是左右开门板。图片提供_工一设计

▶ **搭配技巧。**因为设计师在钢刷木皮表面加上假勾缝装饰，目的就是让人无法从外表辨识是抽屉还是左右开门板，以保留繁复画面中的一致与平衡。

/306

大片书墙，演绎现代旨趣 于餐厅后方规划整片大面积的书墙，可摆放各式书籍和收藏品，同时为用餐领域注入阅读书房、居家工作室等其他主题。书墙以白色为背景，搭配黑色的简约线条，在利落线性与对比色彩之下，传递现代时尚的视觉意趣。图片提供_LCGA Design 禾睿设计

▶ **搭配技巧。**摆放温馨的木餐桌，并搭配造型吊灯与餐椅，让多彩的色块或线条，增添白色背景的彩度，为空间增添人文质感。

302	304
	305
303	306

307	309
308	310

/307

铁蓝色主墙延伸视觉 铁蓝色主墙打破原有疆界，拉长至一旁阶梯上方平台，借由视觉焦点的延伸，令客厅区域仿佛有变大的错觉。墙面左右两侧皆内藏收纳柜；右下角的悬空留白，是顺应阶梯高度设置的，也成了低台面的置物平台。图片提供_Z轴空间设计

▶搭配技巧。天花、墙面保留大面积留白，加上抛光砖重新打磨保养，突显铁蓝色主景，只留下紫色窗帘与芥末勾边的沙发背景墙相呼应、跳色。

/308

巧妙将收纳化为设计巧思 利用简单的几何设计，为电视墙作出视觉变化。而为了维持电视墙设计的完整性，将其他设备收纳移至最下方，并以黑色框出收纳格，将实际的收纳功能化为电视墙设计的一部分。图片提供_怀生国际设计有限公司

▶搭配技巧。以灰色为主黑色为辅，展现利落的现代感，又不会因为过多的黑，让空间过于冰冷与沉重。

/309

借由隐藏收纳打造极简空间　以纯白色系打造卧房空间，只简单在床头背景墙，以木素材拉出一条腰带作适当点缀。至于大量收纳功能则利用隐藏收纳方式化为白墙的一部分，没有过多设计与任何线条，维持空间的干净纯粹，让身心也能获得更充分的休息。图片提供_怀生国际设计有限公司

▶搭配技巧。在以白为主的空间，适时加入自然元素，可软化过于冷调的白色空间。

/310

随兴堆叠出创意墙　利用大小不一的矩形收纳格，层层叠叠堆叠出一道充满创意同时又具有收纳、展示功能的墙面。并将收纳格与墙面统一漆成白色，符合整体空间的时尚品位，也借此打造干净的背景墙，突显空间里摆放的流行单品。图片提供_怀生国际设计有限公司

▶搭配技巧。白色是最好的背景色，可突显任何极具特色的摆饰品。

/311

黑色隐藏收纳区块 大面积的木材使用是此空间的一大特点。电视墙涂抹黑漆，呈现出强烈的存在感，收纳空间也都藏匿在黑色之内。至于电视右方的柜体其实是鞋柜，将所有收纳都放在眼睛无法直接触及的地方，使整个空间氛围表现出明显的极简风格。图片提供_甘纳空间设计

▶搭配技巧。借由不同颜色的表达，黑色木柜、灰色木地板与浅色木桌，简单三色交织出空间的精炼与简约。

/312

自由伸缩的收纳柜 收纳柜首先设计出开放柜与门板柜之分，错落的变化可增加活泼感。而柜子不落地，并刻意把柜子颜色漆成与墙壁相同，与墙面同色加上冷色系具退缩感的视觉感受，双双加乘下，都使原本容易产生压迫感的收纳柜退缩不少，成为此区的焦点。图片提供_彗星设计

▶搭配技巧。柜体深度是收纳量的影响条件之一，但深柜的存在感较重，尤其在小空间中压迫感更明显，因此需要用颜色去降低柜子的重量感。

/313

风格交错的完美融合 以深棕色的木材作为基调打底，再叠上白色钢琴烤漆的明亮风格，交响出古典与现代的曼妙章节。并通过黑色展示层架的点缀，满足书籍收纳与展示的需求，形成书房中一抹赏心悦目的风景。图片提供_近境制作

▶ **材质。**书柜使用钢琴烤漆的面材，交织雾面黑铁层板，与深棕色的木质墙面形成三方对话，层次相互融合，营造出平衡安稳的视觉美感。

/314

收纳材质结合的巧妙设计 电视吧台区选用纹理深刻的木材质平贴墙面，彰显材质的自然气息，而部分背景墙也选用相同纹理，达到视觉延伸性与空间层次感。于墙面嵌入的展示收纳柜，更表现出异材质结合的巧妙美学。图片提供_近境制作

▶ **工法。**实木皮铺陈的墙面，经过载重测量，嵌入灰色铁件作为柜体，切分出线条美感，形成一物多用的功能设计。

/315

一体两面的主墙变身计划 床头主墙摇身一变成为多用途的收纳空间，为了不让空间经切割而过度零碎，设计师避免使用实墙区隔寝区，采用的是不顶天的双面柜体，巧妙划分两个不同区块，为居家空间注入多功能的丰富层次感。图片提供_相即设计

▶ **设计。**一墙两用的实用设计，将具备化妆台与床头背板的多功能空间妥善规划，再使用鲜黄色系点亮空间，赋予不同于寝区的活泼个性。

311	313
	314
312	315

/316
钢制层板要用焊接或是植筋固定

提示。钢制层板的厚度薄，必须用焊接方式固定，因此比较适合施作于砖造隔墙，如果墙面为轻钢架隔间，在立骨材时要先做横向结构的加强再焊接层板固定，这样才能牢靠稳固。

/317
隐形的另一种功能

提示。有时为了保持墙面的完整性与整体氛围，在电视墙上特意不加装电视荧幕，使用隐藏式投影的方式，让空间更显时尚与深度。

/318
墙面洗沟板材内嵌解决载重问题

提示。在墙面增加层板做收纳或摆设空间时，需要考虑微小层板的问题。为了增加层板载重，可将墙面洗沟、板材内嵌，搭配五金牢牢锁住，令居住者平常能放心使用。

/319
壁架收纳兼摆设动线最重要

提示。一般来说壁架常位于沙发区或是书房内，使用频率高，因此动线取决十分重要，而除了收纳外，还可以随时调整展示品位置，让整理也变得充满乐趣。

/320
烤漆玻璃加强隔音效果

提示。在墙面柜体背板贴覆烤漆玻璃，除了美观外还利用玻璃具吸音特质加强隔墙的隔音效果。

/321
半墙区域界定更显风格

提示。半墙设计不仅有效地界定了空间，还能维持空间的开阔，而不同材质给人的印象也各不相同：木作墙造型变化弹性大，能够创造曲面的线条；而砖墙虽造型较为规则，但可选择打底与否，若不打底可直接裸露砖面形成粗犷不羁的调性。

/322
玻璃隔间框架影响大不同

提示。玻璃隔间时，框架的有无与材质会造成不同的感受：铁件框架的质感细致且可塑性高，视觉上能变得轻薄利落；而木制框架则能展现素材本身的原味温润；无框架或是隐藏框架则能减少过多的线条，保持完整的空间轮廓。

/323
拉门考虑墙面材质整体更一致

提示。在空间内设立拉门时可依照墙面材质一起考虑，例如墙面使用木皮贴覆若想要营造墙面与门板合二为一的感觉，建议可以使用相同素材的木拉门。

/324
小面积功能墙利用

提示。现在的房子若要符合全家人的需求，就需要精心规划，墙面就是一个可以充分利用的地方。由于是零碎空间，因此赋予的功能越多越能有效利用空间的每一角落，譬如墙面收纳柜的使用等。

▶ 3

主
题

墙面是家的第一个设计，
在上面不仅能呈现出设计的风格，
亦能展现主人的品位，让本章节厘清自己的方向，
找出最吻合、恰当的风格。

展示

图片提供_宇艺空间设计

图片提供_近境制作

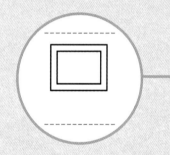

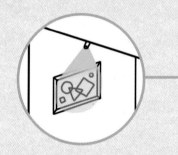

/325
艺术画作展现个人品位

概念。画作艺术品的展示不仅能让墙面更添丰富性，也能展现主人的个性。一般空间的墙面不一定很大，单幅画作就能将视觉聚焦创造空间重点，至于尺寸大小则必须依照空间大小及墙面而定。

/326
光源上方投射突显墙面

概念。在墙面上方设计光线向下照射的线形灯沟，或者以安置于天花板的嵌灯手法向下打光可均匀照亮墙面。想要突显墙面或是瓷器画作等收藏可运用此种手法。

图片提供_法兰德室内设计

图片提供_云邑室内设计

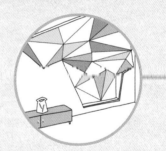

/327

手绘墙面赋予性格

概念。为了展现室内的整体形象，有时可彩绘图案于墙上让风格更为一致，此外这样的画作赋予墙面独特的个性，令墙面独一无二。

/328

跳脱一般思维墙面成为作品

概念。将量体切割、几何立体结构等建筑思维运用于墙面设计上，让室内呈现无与伦比的力道，使墙跳脱以往观念，本身就成为一个作品。

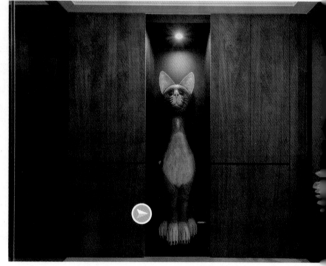

/329

拥有幻镜的现代艺术墙 长期居住国外的户主，希望在这度假性质的住宅中引入大量光线。因此除了善于利用原本大开窗外，在沙发主墙上更运用了大量明镜作艺术拼贴，使空间拥有更明亮视野，在光线与彩霞流动之间更演绎出自在的空间感。图片提供_缤纷设计

▶搭配技巧。室内除了以大量天蓝色织品家具来调配出时尚明快的色彩外，主墙上拼贴镜面可反映电视影像，形成更多画面变化与趣味。

/330+331

向守护家人的猫战士致敬 玄关端景墙向来是装饰设计的必争之地，但这还是第一次见到"猫战士"的设计主题。其实这是设计师巧妙将户主旧家的物件转为新家特色的设计，让新家充满传承与怀旧的感动，也成为来访宾客的热门话题！图片提供_法兰德室内设计

▶搭配技巧。在玄关墙柜中间特别以内凹柜设计，让大型猫战士木偶安置其间，不仅有守护家人的象征，自然也有户主最爱的招财意味。

/332

超现实编织的工艺线条 为了呈现卧房床头墙面的主题感，同时也让开放设计的更衣间与卧床区有所区隔，在床头特别以黑金木框架包覆复合塑胶材料所编织的交错线条，创造出一种如梦幻般的超现实工艺美。而主卧与开放式更衣室过渡空间的橱柜，也有像艺术品般的柜面。图片提供_缤纷设计

➤ **材质。** 复合塑胶材料，本身具有耐腐蚀、抗老化与防水、绝缘等材质特色，尤其强度大、重量轻、可塑性强等优点使其广泛被利用于尖端军事或工业领域。

/333

迎宾花墙赋予空间生命力 玄关印象是大宅设计的重点，不沿袭于传统端景聚焦的设计手法，设计师在入口处改以长形廊道为主，沿着墙面以木作设置了数个展示台并摆设花艺，让感官随着鲜艳花卉与芬芳具有向内延伸感，予人宽阔纾压的气息。图片提供_缤纷设计

➤ **搭配技巧。** 在展示台后端墙面运用间接灯光来辅助打光，增加画面的舞台效果。另外花艺亦可更换为其他艺术品，形成画廊。

/334

漆黑的墙，满满的欢乐！ 打破一般墙面给人隔离的印象，设计师将墙面漆上黑板漆，让墙变成女儿涂鸦的游乐场。另外隔着门柱，利用两柱之间的畸零墙面卡入钢琴，搭配灰色墙面的映衬，展现恰到的优雅。图片提供_浩室空间设计

▶搭配技巧。在既定受限的环境中，设计师通过简单的色彩手法来成就最棒的设计巧思，让畸零墙面变成视觉焦点。

/335

形如折纸的轻盈意象 从平面到三维立体的演绎，可以说是传统墙面造型的一大革命。设计师将立体褶曲与几何雕塑概念，以板材的衔接结合人造光源来表现。垂直面的折痕还一路向天花板延伸，赋予视觉生动的明暗感受，而通过背景光的衬托更加层次分明！ 图片提供_云邑室内设计

▶工法。仅是基本的板材加上白色漆料涂装，就能让空间很不一样。不过施工面相对繁琐，需多次现场放样才能确保线条和比例的流畅！

/336

品画赏鸟,感受悠闲自得 卧榻旁开窗纳进户外光线,搭配大幅油画作为墙面表情,强化纾压氛围。油画则呈现渐层色彩,展现大气而低调的和谐配色。搭配悬吊灯饰的透射灯光,与墙面画糅合成一幅禅意画面,形成具立体感的居家端景。图片提供_DINGRUI 鼎睿设计

▶**工法。**先在墙面底部铺陈三分木夹板,再在表层贴上一层油画布,之后直接将油画颜料绘于画布上,完成墙面画作。

/337

简白主调,展演立体层次 卧房呈现内敛素雅的简白主调,营造纾压气氛。同时于床头墙规划层次美感,刻意作出大小不一的几何块状,注入具立体感的设计,并于左下角加入内嵌空间,满足展示功能。在床头吊灯的照明下,形成白色画画的光影美感。图片提供_DINGRUI 鼎睿设计

▶**材质。**墙面采用较廉价的密集板为材质,素材较为环保,且具有易切割、易雕刻等优点,搭配白色的烤漆处理,展现素雅视感。

/338

端景书柜,形塑利落美感 在卧榻区配置大面墙柜,底部与架高卧榻区一路相连,柜体置物量大,可作为休憩阅读时的藏书柜体,亦可成为艺术端景柜。通过镜面材质作为背景,可延伸视觉感,并采用简约黑色为基调,让展示品更成为焦点。图片提供_DINGRUI 鼎睿设计

▶**工法。**柜体采用订制铁板强化载重,通过组立方式打造结构。依户主需求订制尺寸,切分大小不同的格状空间,满足置物需求。

334	336
	337
335	338

/339

美观与功能兼具的手作墙面　以常用于外墙空间的陶砂骨材打造客厅墙面，设计师为日籍户主打造象征海洋意象的图腾压纹，搭配造型指针，时钟增加了美观之外的功能性。而陶砂骨材能呈现出石材所没有的温度感，让整片墙面不致太过冰冷。图片提供_庵设计店

➤ **材质。**陶砂骨材常用于室外材，因此用在室内也不怕水汽侵蚀，用来修整壁癌墙面亦不会剥落。而价钱方面也比石材便宜，用来打造墙面是不错的选择。

/340

亚克力挂画点出主题　受玄关旁的亚克力画作的启发，用色块点出全室明亮的现代简约主题。大面积的石头漆涂布电视主墙，经由灯光反射出深深浅浅的自然粗犷纹理，与前方洁白精致的烤漆墙面相对照，成为低调却个性十足的专属居家个性。图片提供_Z轴空间设计

➤ **工法。**深灰色石头漆延伸至横梁处，达到画面延伸的放大效果。设计师在梁下加装木作，规划间接光带，明亮勾边令深沉石头漆也时尚起来。

/341

变换各地风景的"世界之窗"　在餐厅区域为热爱旅游的户主，打造出一面可自行更换照片的"世界之窗"，照片以粘贴方式黏附在墙面，故可随意更替喜爱的作品。木百叶窗框的下方还特别以线板打造出平台，可摆放多肉植物，以增加空间中的绿意。图片提供_摩登雅舍室内设计

➤ **设计。**此处为整体空间中光线较不足的角落，故以木百叶搭配摄影作品的窗面设计，让整体空间在视觉上具有延伸感。

/342

橘子挂画成抢眼端景　室内的会议室与工作区的隔间墙面，使用水泥粉光打底，悬挂亮眼的橘子挂画，完整墙体与抢眼的着色，是从玻璃落地窗望进来的第一眼端景印象。为了减轻水泥实墙的压迫感，设计师特别在墙的上方设计间接光，增添轻盈穿透效果。图片提供＿工一设计

➤ 材质。会议室空间选择使用水泥粉光墙面、铁件展示架、水磨石地面等元素，使用建材原本独有个性，不多加矫饰地营造整体空间氛围。

/343

仿旧泥墙与街头涂鸦艺术　以斑驳感的泥墙作空间画布，邀请画师以油漆在现场直接作画来呈现更高的艺术性。而画作主题则是仿效英国知名涂鸦艺术家的"站住！搜身"作品，借由画面中带点黑色幽默与颠覆性的反思主题，传达前卫时尚的空间设计理念。图片提供_法兰德室内设计

▶搭配技巧。特别运用仿旧工法做出斑驳感的主墙，搭配木板门、旧砖墙、铁件等元素，更能衬出户外街头艺术的质感。

/344

深蓝，给挂画更出色的背景　在开放而简约设计的餐厅空间中，特别挑选了著名思想哲学家尼采与革命家切·格拉瓦的画像做挂饰，借由其动静冲突的对比性格来突显户主特质与空间精神，也酝酿出更具冲击性的墙面张力。图片提供_浩室空间设计

▶搭配技巧。挂画是最便利的墙面装饰手法，特别是设计师选择以深蓝漆色作底，让未来不管放上任何画都出色。

345＋346

展示自有的内敛之美　艺术品的展示通常要保有每件作品的独特性，却又要注意彼此不会喧宾夺主，因此并不适合用白色来区隔每一件作品。在此设计师采用黑色区隔了每件作品的界线，而木质感的柜体，让作品在木色调的衬托下，展现出自然的美。图片提供_甘纳空间设计

➤ 搭配技巧。天花板与部分外墙皆采用了冷色系的蓝色，灯饰与花瓶是通透的蓝，以此呼应黑色的理性，表现沉稳与宁静感。

/347

白色衬托迷彩之美 走道在居家装潢里很常见，但若只有仅供人们通行的功能，感觉好像少了些什么，因此若是赋予其实用性，在空间的利用上便会更为精准、有效率。户主喜好收藏军事用品，刻意采用层板组成的墙面，让各式各样的步枪模型可以整齐挂在勾缝上，供人欣赏。图片提供_虫点子创意设计

▶搭配技巧。由于迷彩本身就有多种颜色，因此为了突显每一件单品，更采用了全白色系的收纳柜与层板，以衬托其独特性。

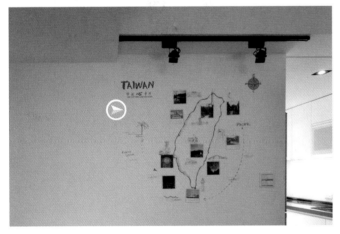

/348

不浪费每一分空间！ 在走道的转角通常是一个零碎空间，但喜欢旅行的户主却想要让房子更有自己的味道。于是让这面本来平凡的白墙，放上到访过的各地踪迹，台湾的小地图转化为墙面，搭配木质感的左墙与地板，朴素又美好。看着地图，或许一种小旅行，正要展开。图片提供_虫点子创意设计

▶搭配技巧。墙面除了具有区隔空间属性的作用，同时兼具展示功能。为了更加突显这个功能，在天花板加装轨道灯，打上灯光，更有味道。

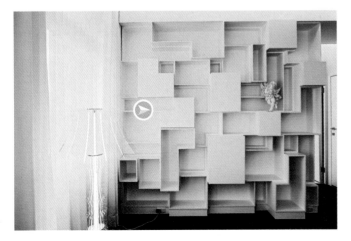

/349

洋溢几何趣味的现代艺术 看腻了中规中矩的制式格柜，像图中这样让人眼睛一亮的奇妙造型，必然能令收纳的过程充满趣味吧！设计师以多个不规则的铁件格子经烤漆处理，交错堆叠成类似迷宫般的独特造型，并穿插有门或开架的使用选项，就算不摆东西，本身就已经是一座巨大的装置艺术墙！图片提供_云邑室内设计

▶工法。这项设计最关键就在事前的精准放样，繁复的铁工也会增加预算。仔细看，除了复杂的垂直水平构成，每一个格子前后的纵深也是不一样喔！

345	347
	348
346	349

/350

建筑思维，打造完美梯间比例　以白调作为背景，打造梯间的留白空间，同时注入空间切割的建筑思维，让天花板、墙面刻画充满力量的转折线条，框架出立体美感。梯间侧墙则规划出半高茶镜，形成延伸视感，并局部点缀间接照明与嵌灯，以灯光柔化线条。图片提供_近境制作

▶设计。在天花板配置空调出风口，作为一道线性导引，延伸至尽头处；同时开小窗引入美景，带进鲜明的绿意，提升空间彩度。

/351

沙发背景墙端景，展示立体美　沙发背景墙作出造型设计，打造深刻视觉印象。墙面采用木作烤漆，并随意作出内凹台面设计，以镜面材质作为背景，搭配优雅的光源照明，映衬出陈列品的各方位展示效果，搭配其余的书籍、软装等，形成美化居家的展示端景。图片提供_近境制作

▶工法。将层板做出弯折的角度，并采用进退面的交错手法，片片拼接整个墙面，营造出居家空间的立体律动感。

╱352

时髦品味中突显自我个性 在新古典主义的风格架构中，将户主个人的生活习惯与美感品味融入设计中。在开放的客厅中可以见到立体细致的壁板与线板线条，一笔一画地勾勒出优雅典丽的空间感，并以对称设计让空间焦点放在巨幅抽象画与新古典风格的家具上。图片提供_缤纷设计

➤搭配技巧。巧妙地运用巨型艺术品以及具主题性的家具来突显出主人特质，同时也呈现出更时髦有品位的空间感。

╱353

让光成为墙的主角吧！ 因家的面积不大，不希望过于繁复的设计为空间带来更大的压迫感，因此，在客厅主墙上以素色墙面作衬托，搭配多盏造型感十足的壁灯装置，将双面发光的壁灯依现场环境作有机排列，使画面更显生动趣味。图片提供_诺禾空间设计

➤搭配技巧。除灯光本身极具特色外，在壁灯位置上选择以不规则的随兴排列，借此与室内现代直线的线条形成反差感。

/354

永恒的优雅剪影 奥黛丽赫本的美，美在知性与优雅气质，因此由她引领的时尚历久弥新。在这样一个挑高的空间里，干净的白墙不多缀饰，只是依适当比例贴上奥黛丽赫本的黑白头像剪影，就达到了整体的平衡与画龙点睛的目的。图片提供_云邑室内设计

▶ **搭配技巧**。这样的构图式设计手法，刚好迎合当下居家自主的变化与轻装修的发展趋势，利用图案当做主题，兼具视觉张力及自行手作的乐趣。

/355

简单，就是美 当然，空间设计有很大一块，是在玩各种材质排列组合的游戏，不过一面素净的白墙本身就够美的了，不管是白天还是夜里，无意间投射其上的光影，还是就地摆一幅自己喜欢的画，清丽的素颜，都会让人有种终于可以尽情深呼吸的轻松感。图片提供_宇艺空间设计

▶ **工法**。别以为拥有一面美丽的白墙很容易，水泥砖墙砌成后还须反复整平，然后至少四度底漆、三度面漆，才能拥有如白煮蛋去壳后的光滑平整感。

/356

灿烂光束带来空间戏剧感 在开放的书房内，设计师将挑高格局的高墙视为画布，在墙面上多处作大小不一的开窗设计，让室内的光源得以获得满足，同时灿烂光束也为空间带来戏剧般的精彩画面。图片提供_诺禾空间设计

➤ **工法。** 为了避免光束受到截断或阻拦，不仅选择玻璃围栏设计，在挑高达二层楼的书墙旁特别采用玻璃走道，让取书的动线不至于影响光线轨迹。

/357

仿水晶切面的奇幻光穴　设计师以产品的水晶切面为灵感，利用板材形塑几何立体结构，刻画出整个空间的墙面。天花板的造型，繁复至极的白色切面，通过光照打出阴暗，让单一色阶产生不可思议的渐层变化。图片提供_云邑室内设计

▶ **工法**。素材的部分非常单纯，但施作的难度前所未见。这个空间里的造型艺术并非只是单一面向的表现，而是除了地面之外，其余五个面都要相互串联的工程梦魇。

/358 + 359

白墙衬托公仔的活泼色调　公仔花色繁复，要一一展现出公仔的活泼与趣味不容易，因此简单的白色会是整合空间视线的最佳选择。白色就像是可以吸收各种颜色的中性色，让观者一进到这个空间，就可以察觉这面展示墙的存在。图片提供_甘纳空间设计

▶ **材质**。在展示墙上装上玻璃隔板，一方面可便于清洁；另一方面，通透的玻璃与白色柜体作出呼应，强化了简洁利落的风格。

/360

展示植生墙绿意盎然有品位 以木箱交错打造出一整面的展示植生墙，展示主人收藏的日式碗盘与器皿。并以木头搭配浅绿色底，营造自然有品位的风貌，并辅以照明营造日式韵味。图片提供_直学设计

▶ 设计。室内植生墙就像是家中的立体花园，不但是美观的设计，还能隔热节能、净化空气，让居住者宛如在大自然中，和花草一起共生呼吸。

/361

结合家饰打造主题墙 跳脱一般保守思维，沙发背景墙大胆采用黑色系，借由强烈的颜色，制造空间视觉亮点。另外在墙上绘制图腾，并将挂墙上时钟，以及立灯、边桌等家饰，配合墙面图腾意象统一调性，原本墙面变得更为活泼生动，也成功形塑一个以航海冒险为题的主题墙。图片提供_怀生国际设计有限公司

▶ 搭配。运用复古家饰，将墙面主题延伸至家具、家饰摆设。

/362＋363

衬托质感的中性蓝色 中性色调的蓝色，十分适合以白色墙面作搭配，营造活泼有深度的氛围。利用不同深度的蓝色物件，打造出空间的层次感，白色墙面具有修饰冷硬蓝色的效果，跳脱单调的空间，再以光线点亮整面风景。图片提供_丰聚室内设计

▶**搭配技巧。**以简约明亮的风格为设计方向，使用简约的白色墙面与不同层次的蓝色物件，点缀整个空间，打造毫无拘束的清新质感。

/364

黑色基调搭配巧克力砖的沉重氛围　喜爱品酒的户主，也有收藏酒瓶的嗜好，期许居家空间能拥有展示酒瓶的规划。设计师发挥巧思，将展示空间规划于客卫，也令好友能欣赏户主的收藏。图片提供_甘纳空间设计

▶ **材质。**考虑到酒瓶颜色与设计较为多元缤纷，因此在背景与层架的材质选用上皆以黑色调为主轴，让酒瓶成为主角，搭配精致的巧克力砖与灯光投射，铺陈沉稳又精致的色调氛围。

/365

连接天花墙面，开启端景画面　通过扎实的木作材质，建构风雅的用餐气氛，于墙面加入木作层板用以陈列家饰品，并连接墙面与天花，形成延伸性的层次设计。同时在餐厅悬吊进口吊灯，通过经典的飞碟造型，形塑半空的视觉焦点，开启一幅温馨的端景意象。图片提供_北鸥室内设计

▶ **材质。**一旁廊道墙面铺陈浅灰色环保涂料，以刷涂方式上漆，保有质朴的表层纹理，营造极致简约的气氛。

风格

图片提供_法兰德室内设计

图片提供_Z轴空间设计

/366
不造作展现个性的Loft工业风

概念。现在十分风行宽畅挑高的工业风格，在墙面的表现是具有不造作与陈旧的特征。为了仿效这样的感觉不一定非得把墙面敲除，或是使用水泥粉光不可，现在还有仿砖感、仿斑驳、仿水泥等壁纸可使用，而架上铁件也是其象征之一。

/367
单色墙面展现简约现代风

概念。一般认为所谓的现代风格颜色就是冷，表现在极简，但其实现代风格并无所谓专属颜色。较常见的画面是：将其中一面墙漆成某一个强烈颜色如橘色，再搭配颜色相同的摆饰来布置，即是现代风格最好的呈现方式。

图片提供_摩登雅舍室内设计

/368
用杂货布置乡村风

概念。在家里创造乡村风情，其实不用大动空间结构，也不用更换家具摆设，只要挑选家中几面墙，运用壁纸或是线板、窗框，甚或布置上具有乡村风格的杂货，就能拥有具个人风格的乡村风墙上风景。

图片提供_缤纷设计

图片提供_IKEA

/370
线板、壁炉打造典雅新古典风

概念。想要营造新古典风格的典雅质感，一定要在墙面善用线板和壁炉这两个经典元素，简约优雅的线条让空间表情更丰富。而低彩度的色调则能为空间带来舒压放松的时尚优雅氛围。

/369
纯白北欧风却是温暖

概念。纯白自然是北欧风格带给我们最直接的印象，跳色墙面或是鲜艳的些许色彩停留在墙上则能瞬间点缀出整体空间的活泼性，白色调因此不显冷调，反而相当温暖。

/371

海岛印象的墙面细节 主卧营造出巴厘岛的闲适度假风格，故主墙面以壁纸搭配三幅鸡蛋花图样的木雕装饰，床头柜上方还特地以木作预留嵌入式空间，摆放事先选好的灯具。嵌入式的设计做工较为细腻，整体的高级感也进阶式随之提升。图片提供_摩登雅舍室内设计

▶ 搭配技巧。户主希望主卧和浴室，皆呈现出巴厘岛风的贵气感，除了天花板和床架的风格符合海岛意象，主墙面的木雕挂画和床头柜上方的灯具也营造出浓厚的度假风。

/372

新古典对称元素的设计体现 客厅主墙面是典型的新古典风格，左右两边是以线板打造的对称设计，挂上壁灯也让细节更为完整。而中间区块以不收边的文化石打造而成，刻意将缝隙留大的设计可彰显出手工感。挂相框的手法也让整体空间增加了视觉亮点。图片提供_摩登雅舍室内设计

➤ **工法。**除了左右两边悬挂壁灯的对称线板之外，中间文化石墙面也特地用线框车边，以圆弧边框流露出新古典风格的典雅且大气的气息。

/373

灯光作为主角，精彩点缀工业风 老房子重新调整格局后加入了些许工业风，白色的管线随兴外露在天花板上，也成为一种点缀与修饰，几何造型的灯具又增添了不少层次。左方的白色墙面在灯光的照明下，满布了几何灰色方块，一个充满精致细节的空间油然而生。图片提供_虫点子创意设计

➤ **搭配技巧。**工业风的随兴简单，在此空间相当明确，仅使用不超过三原色的颜色，黑、白、木色，展现了简约与自在的氛围。

典型美式乡村风格代表作 整体空间以奶油白色系呈现，沙发背景墙的对称线板则以烤漆加上木作层板展示，既能呼应整体风格也具备装饰功能。而新古典风格的吊灯也是一大亮点，搭配造型相框组合成的墙面装饰，从细节处堆叠出美式乡村风格的经典元素。图片提供_摩登雅舍室内设计

▶设计。在圆弧墙面的下方，有个为玛尔济斯打造的小圆洞，约30厘米的深度让家中的小型犬可舒服地蜷在其中休息。

/375

以剩余角材呼应环保理念 为伊圣诗总部打造的商业空间，空间画面上刻意做了出血，将打造其他空间所剩余的角材用来拼装成品牌商标墙面，由三个师傅手工拼贴完成。虽然非常耗工费时，但使用剩余角材打造的墙面，由里到外都彰显了品牌的绿色理念。图片提供_相即设计

▶材质。用剩余角材拼成的墙面，隐约可看出伊圣诗的叶子商标，很费时的做法，却也充分将品牌理念突显在墙面细节中。

374	376
375	377

/376

新古典元素的点缀运用 沙发背景墙设计了一个陈列展示柜，并以金属质感的壁纸衬底，加上嵌在正前方的两根罗马柱，以对称手法点缀出新古典最重要的元素。而面墙左边也设计了一个拱形展示柜，可用来摆放花瓶或艺术品，一个墙面具备两种视觉配置的巧思。图片提供_摩登雅舍室内设计

▷ **工法。** 主墙下方的柜子以嵌入方式打造，使其巧妙地融入墙面之中。而罗马柱的巧克力黑色与柜子色调互相呼应却又巧妙地作出区隔。

/377

呼应企业理念的绿色元素 为象征发廊"乐活""环保"企业理念所打造的商业空间，现在很常见的植生墙在当时算是颇为前卫的做法，旁边缤纷的木板墙则是代表染发的五颜六色。而以半瓷打造的陈列架还特地用绿色填缝剂填满沟槽，以颜色呼应环保细节。图片提供_相即设计

▷ **工法。** 以木板墙搭配植生墙整合出商业空间的生命力，而陈列台上的半瓷特别以绿色填缝剂填满，10厘米×10厘米的方格尺寸也方便商品更为整齐地陈列。

/378

符合空间功能的风格型塑 为了改善压梁的问题，天花板上方以线板包覆，墙面也钉出柜子与层板，巧妙地将空间中的缺陷改造成功能，增加了收纳功能的运用。而柔和的蓝色调搭配白色木百叶窗以及雕花立柱床板，彰显出雅致的新古典风格。图片提供_摩登雅舍室内设计

▶功能。床头上方的吊柜和层板，增加了墙面的功能使用，不仅可收纳也可摆放展示品，是功能性颇为强大的墙面运用。

/379

展现利落工业风的层架 工作室以白色漆料铺陈墙面，在墙面嵌入铁板架，底部则规划不落地木作柜体，搭配陈列于中央的木桌，通过量体、线条展现不造作的利落感受。并以竹百叶引和煦日光入室，让充满木质元素的空间，更增添温润与朴质的气息。图片提供_近境制作

▶工法。天花板以木板为背景，并加入铁件烤漆做出∏形灯槽，让灯光由上往下映照于墙面两侧，形成聚焦效果。

/380

个性十足的新颖工业风 身为摄影师的户主,量身打造出具有个人特色的主题意墙。墙面以不同图案的瓷砖拼贴出独特风格,其中部分照片还是户主自己的摄影作品,既充满个人特色又形成空间亮点,是颇具新意的客制化做法。图片提供_摩登雅舍室内设计

➤ **搭配技巧。**以印有相片的瓷砖拼贴主视觉墙面,而底座还以黑色木作边框呈现增加细腻度,和地面留有一段空隙的悬挂设计,在视觉呈现上也较为活泼。

/381

工业风格阐述纯粹氛围 空间以大面积白墙为背景，阐述纯粹自然的氛围，并添入少许灰调，注入沉稳调性，一盏可调整角度的工业感床头灯，则形成墙面的视觉焦点。同时在书桌旁的立面加入铁件展示柜体规划，通过深色线条切割出墙面的利落风貌。图片提供_LCGA Design 禾睿设计

▶设计。展示柜旁暗藏门板，设计师在门板上贴染灰木皮，形成完整干净的立面表情，也将房间内的卫浴空间隐于无形。

/382

美式乡村风的墙面元素 电视墙下方的文化石平台加上木百叶门板的柜体，都是美式乡村风不可或缺的识别元素。主墙面的左右两边搭配对称的罗马柱设计，以及左右两边的柜子上方的圆拱形收边，柜体也以烤漆方式打造，衬托出浓厚的乡村细节。图片提供_摩登雅舍室内设计

▶工法。从电视墙上方及展示柜的层板厚度，可看出由木工手工打造的细节，是不同于一般系统柜的细致做法。

/383

经典乡村风元素的交叠运用 整片墙面以文化石打造，并以较宽的缝隙突显石材不规则收边的手工感，加上罗马数字时标的时钟悬挂，点缀出细节也营造出温暖氛围。而另一片墙面则以壁纸图案呼应餐厅功能，白色格子门板也以拱形呈现，衬托出乡村风的特色。图片提供_摩登雅舍室内设计

▶ **工法。** 保留文化石原始质感的墙面，加上手工打造的木制层板，是乡村风的经典元素。而层板收边也以漂亮的圆弧收尾，让整片墙面的手工感更为丰富。

/384

享受欧风沐浴体验 以三种不同尺寸的白色铁道砖，架构出卫浴空间的纯白视觉。传统的二钉挂砖墙因为不同尺寸的随兴组合变得更有层次，直接在白色弹性水泥上涂上灰色纹样。灰白相间的直条纹墙面，瞬间让小小的沐浴空间充满浓浓的欧式氛围。图片提供_隐巷设计

▶ **材质。** 采用白色弹性水泥取代防水漆。

/385

色彩挂画缤纷北欧风 天花板漆上白色漆，墙面则以灰色圈围，看似纯白的空间背景，经由微妙的色彩搭配，顿时多了些立体感与温度。相对于空间着色，设计师运用木作工作桌、彩色织品与挂画，以及户主随兴的一台笔记本电脑、一支笔，种种活泼生动的细节，令居家画面富有北欧风情。图片提供_Z轴空间设计

▶ **工法。** 内嵌鞋柜的开放式柜体为电视机柜，斜面设计方便坐在沙发上使用；为了避免管线外露，需将使用机体的管线预先埋在木作柜体与天花中。

/386

悬浮工法强化现代风 考虑到台湾气候温湿条件，左方的呼吸砖可以调节湿气。客厅还使用了一个相当特别的统一工法——悬浮设计，从电视墙下方的层板，乃至于订制餐桌，皆是为了减轻空间体量感而有的巧思，并借由细节收束成更精练的简约现代风格。图片提供_虫点子创意设计

▶ **搭配技巧。** 大片窗户其底下的架高地板将客厅和户外窗景衔接起来，是一种空间的过渡，随时欢迎人们躺卧其上，享受窗景。

385	387
386	388

/387

立体床头设计突显现代风格 男孩房依照户主的设想，以简约利落面貌为设计主旨。设计师先将床头柱体造成的不规则墙面作封板处理，再请木工师傅于床头部分导斜角、作内凹造型，底部涂上石头漆，令空间"后退、内缩"，弭平封板所造成的压迫感。床头白色烤漆板与石头漆底板之间，除了摆放书籍与杂物的小空间外，也加装间接灯，达到床头灯功能。图片提供_Z轴空间设计

➤**工法**。木作在导斜角时，要注意保持转折处的角度锐利，避免打磨、拼接后角度却圆弧，如此一来才能在光线照射下，呈现理想中的利落明暗色块。

/388

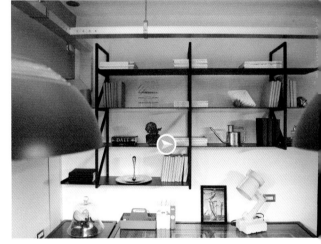

工业风格十足的黑色铁架 采用铁架而不使用在开放式壁挂架中常见的木作或玻璃材质，主要因为铁的生冷质感使人联想起工业元素，而间架的结构更衬托出铁架的利落设计，在横向与直交的线条错落中，交织出层板的丰富功能，营造出深具美感的开放式收纳区。图片提供_彗星设计

➤**材质**。铁架的承重能力强，富有功能性之余，挂在墙面上视感显得轻薄许多，对比白色墙面的黑色铁架，更突显出强烈的穿透性，延展了视觉的向度。

389 390
391 392

/389

斑驳凿面的复古墙景 现代的空间设计给人更便利舒适的生活享受，但是复古作旧的空间质感却可让人抽离现实生活，达到抚慰心灵效果。因此设计师特别在结构柱上运用打凿痕迹，刻意制造出斑驳、复古的画面，希望弱化工业风的冰冷感。图片提供_浩室空间设计

▶搭配技巧。除了以人为打凿工法创造墙面破旧感外，在地板上也搭配复古色调，并运用壁灯装饰营造视觉端景。

／390＋391＋392

不失童趣的纯白北欧风 在颜色选择上以白色调作为主色，但为了避免单调，局部使用文化石墙，并在家具中加入了鲜艳的橘色，瞬间点缀出整体空间的活泼性。而造型简单的圆形灯罩，里头透出的昏黄灯光更跳脱出空间的柔软属性，使得白色看来一点都不冷，相当温暖人心！图片提供_虫点子创意设计

➤ **搭配技巧。**淋浴间白色墙面的涂鸦，是设计师的小趣味，用"淋雨中"展现淋浴间的双关巧思。

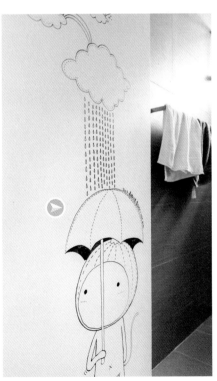

/393

融合南洋味的轻工业风 工业风元素置于休憩空间，容易显得太过冰冷让人无法放松。因此在最大面积的墙面贴覆南洋风壁纸，营造轻松感，靠窗面积较小的墙面则贴上仿水泥壁纸。另外以工业风家具、家饰适度带入风格元素，满足户主对工业风的期待，也借由降低工业风比例让两种相异风格可自然融合又不显突兀。图片提供_隐巷设计

➤ **材质。** 选用较厚实的壁纸，较不易受潮且使用年限也较长。

/394

复古手工感的工业风书墙 公共区因未设隔间墙而展现开阔自在感，而角落的书房兼工作区顶着斜射的采光兀自悠闲着，尤其一面铁件木质仿旧书柜成为风格独到的焦点，搭配粗犷工作桌椅与裸色水泥墙梁，更有种复古手工的天然感。图片提供_法兰德室内设计

➤ **搭配技巧。** 铁件加作旧的木材流露出十足的工业感，加上铆钉细节装饰与铁梯、水管灯等配件，更突显风格。

/395

复古与时尚并存的工业风 在开放的格局中，鲜明印象的黄色铁皮屋浪板搭配着OSB纤维板，营造出具时尚新意的工业风。而位于餐厅旁的柜体则刻意选用仿旧的浅蓝木漆，内敛的斑驳感展现人文复古的意象。图片提供_法兰德室内设计

➤ 材质。大量运用屋浪板、纤维板与外露管线、旧木门等工业材质，除了呈现风格外，也展现粗犷不拘的随兴氛围。

/396

美式复古主题贯穿空间 整体空间希望呈现复古美式风格，因此在其中一面墙上利用黑白插画，为空间注入纽约街头元素。而原本红砖墙虽符合复古风，但考虑到小空间颜色过重易有压迫感，所以将红砖刷成白色，保留砖墙的粗糙原始感，又与黑白绘画墙相呼应，自然流露出随兴时尚的美式风。图片提供_艾伦空间设计

➤ 搭配技巧。选用具工业风金属元素家具做搭配，展现随兴的美式粗犷风格。

/397

法式新古典书墙下的梦田 以户主喜爱的法国工艺艺术品作为设计的出发点，除了在空间硬体线板上掌握了法式风格精巧设计的精髓外，黑白简约的经典色调与书墙壁纸的巧思运用，更让整体空间突显出主题趣味感。图片提供_缤纷设计

➤ 搭配技巧。柔和采光的纱帘是营造法式空间氛围的关键设计，让寝室蒙上一层梦境般的朦胧美。

393	395
	396
394	397

/398

仓库感十足的涂鸦电视墙 为了打造户主喜欢的工业风住宅，在60平方米的室内全部以水泥裸墙搭配裸露管线设计，并将卧房与客厅之间的半开放墙以黑板墙搭配集层材设计的仓库门造型拉门设计，架构出个性化的纽约街头风画面。图片提供_法兰德室内设计

▶ **工法。**为了保持卧房与客厅之间的开放感决定舍弃电视墙，改以可360°旋转的电视柱取代，而后方集层材拉门则可全部打开。

/399

木拱门中的讽喻画墙 这是一栋三户打通的河岸住宅，为了让空间的层次感更为明显，在厨房与餐厅间设计一座圆拱门作区隔，同时将餐桌、吊灯与墙面反讽官场的画作与拱门全安排在同一轴线上，让画面更突显戏剧感。图片提供_诺禾空间设计

▶ **工法。**因室内多达600多平方米，河岸景观也达60～70米，因此，在落地窗以木作遮掩来营造若隐若现的风景，也更符合整体室内色调。

/400

几何与纯白共舞的北欧风 单纯的原色与几何图形结合，相当容易摩擦出不同的火花。不妨大胆使用纯黑色、纯白色，挑选对比度较高的几何图形软件，加以搭配就能轻松打造出具有现代感的北欧风格，感受舒适氛围。图片提供_IKEA

▶ 设计。纯白的墙面，利用对比的原理，挑选彩度较高或是深色系的几何图形，将装饰物件放置于视觉的焦点，立即营造出现代的都市个性。

/401

回归单纯休憩的干净设计 虽然卧房仍延续整体的工业风设计，但更强调回归单纯的休憩本质，无论是天花板、周围墙面或地板，甚至床铺寝饰用品均锁定原色主义，单单仅在床头墙面以壁纸铺陈出居住者特色，简洁的设计也突显出阳刚工业感的风格特质。图片提供_法兰德室内设计

▶ 搭配技巧。在冷调的空间中，不妨多利用暖调灯光或者暖色家具单品来调和出更有人文味的空间感。

╱402

鲜艳色彩演绎另种工业风情　强调回归空间本质的工业风，装潢工程会尽量降低，因此墙面常见外露管线，专卖西班牙炖饭的这间餐厅，西班牙元素混搭工业风有别以往工业风给人冷冽的形象，店内使用鲜黄、桃红色等高彩度色彩，更是呈现西班牙的活力印象。图片提供_直学设计

▶材质。墙面一半为水泥涂料，一半拼贴上瓷砖，半完成的视觉感，流露工业风的粗犷风格。

╱403

墙面铁网增加工业风重量　水泥粉光墙面外加上一层铁网，除了增加设计中的灰暗重量外，也能悬挂画作增添空间的装饰分量。而因为工业风舍弃天花板的施作，光线多半使用吊灯与轨道灯，让空间的气氛更是灵活多变。图片提供_直学设计

▶搭配技巧。铁边实木板的餐桌搭配设计师亲手设计的深灰色木椅，以及经典的拉扣卡座沙发，在晕暗的灯光下呈现一股复古情怀。

∕404＋405

宛如电影场景的工业风格 由于户主酷爱工业风格，设计师便将清水模铺上整面作为主题墙面，再运用玻璃以及铁包木皮等元素，打造一座十足工业风的楼梯。通过玻璃材质，光线更能恣意流动于墙面与空间之中，打造明亮多变的工业风格。图片提供_云邑室内设计

➤ 材质。设计师以石材、木料、铁件等多元元素，来呈现工业样貌，并大胆打造自然不做作的清水模墙面，使空间散发一股原始的美学气息。

/406

鸡蛋花彩绘尽显南洋风 40年的老屋本身有屋高和面宽的限制，再加上户主偏好巴厘岛风格，因此设计师在墙上画上代表巴厘岛的花卉——鸡蛋花，从墙面上就展现出浓厚的南洋色彩。图片提供_摩登雅舍室内设计

▶ 搭配技巧。量身订制深具南洋风的木制沙发，一体成形的设计恰巧配合墙宽。下方则设置抽屉，左右则为对称的几柜，大大增加了客厅的收纳功能。再铺上不同色彩的抱枕，充分发挥混搭趣味。

/407

日式杂货风结合工业风的崭新意象 专卖日式汉堡排的这间餐厅，运用日式杂货风与工业风结合出新的意象，除了工业风常见的管线外露、铁件与吊灯外，更多的是工业的元素。深灰墙上架上六个木箱成列新鲜蔬果，旁边专门订制的生啤酒架，不仅实用也有装饰功能。图片提供_直学设计

▶ 搭配技巧。吊灯选用营造工业风常会使用的船舱灯，其防爆灯罩的设计概念源自于为了避免在摇晃的船上爆裂伤及乘客。

/408

不锈钢的光洁透露工业风刚性 墙面上特别运用黑铁件的直向线条来点缀造型，并且强化结构展现工业风。另外，在层板下方则有凹槽造型变化，既可嵌入灯光也能增加美感，这些设计细节对于空间质感提升均有关键的影响。图片提供_近境制作

▶ 设计。考虑到书房空间宽度有限，不适合再架设封闭式门柜来增加压力，因此以开放式层板书架设计，同时运用具有光泽感的不锈钢材质来展示利落与刚性之美。

图片提供_彗星设计

图片提供_浩室空间设计

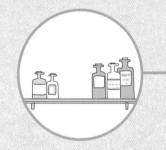

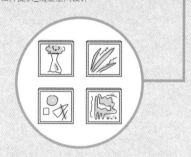

/409
数大便是美

概念。在墙面上将物品以展示的形态陈列，只要掌控好形状、颜色与质感，即使多也不显凌乱，反而更能呈现利落的视觉感。

/410
主题一致创造空间和谐感

概念。除了摆得整齐也可以在一开始就统一摆放物品的风格，这样能让视觉变得丰富也可以让空间具有和谐感。

图片提供_馥阁设计

图片提供_相即设计

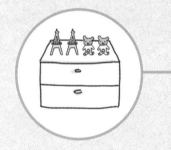

╱411
成对组合的排列创造平衡感
概念。布置墙面可用造型一致且成对的组合，形成视觉平衡，而丰富的摆饰品则能创造迷人的墙面风光。

╱412
以颜色统一调性
概念。如果在墙上摆设不同的摆饰品，又怕过于凌乱则可利用颜色做统一，只要颜色达到一致性空间自然变得简洁。

/413

阳光点缀的明亮系居所　浅色的温暖系墙面，搭配上采光明亮的房间，瞬间变身为清新舒适的宜人居所。紫罗兰色与鹅黄色的呼应，让温馨感大幅提升。墙面再挂上几幅北欧风格的布织品，简单的配置却不失焦点，也让房间氛围更加活泼有趣。摄影_ Yvonne

▶ 色彩配置。以温暖的浅色系作为主要元素，通过大面积的自然光点亮房间的温度。选择北欧图腾花纹的布织品，更能增加装饰深度。

/414

专属一人的回忆墙　将自己拍摄的摄影作品冲洗后，一张张交织着故事与回忆的岁月，通过相框传递出只属于他们的表情。白色墙面就像空白的记忆，有着欢笑与泪水的人生前来点缀，才能展现出最美好的一面。摄影_ Yvonne

▶ 搭配技巧。白色墙面的特性，就是柔软有包容性，无论是使用何种方法装饰，都能够达到相当好的效果。

413
414
415

/415

勾起往日情怀的乡村风 舍弃常见的床头绷板设计,而在卧房床头上以文化石砌出白墙,并搭配以木百叶窗设计,让床头的画面传达出美式乡村的悠闲感,仿佛可以看见光线照入的线条,而一旁的照片墙则诉说着主人的故事。图片提供_浩室空间设计

➤ **搭配技巧。** 在白色的文化石墙上,全数以黑色相框及黑白影像的装饰照片,可让画面更显单纯优雅。

/416

梯形展示架带出空间活泼感 非方正格局的空间，在设计师的巧手经营下，将缺点转化为优点。具有两个转折角度的白色墙体，其上的灰色展示架不使用常见的线形设计，不规则的梯形则增添了不少活泼感，灰色的置入与展示架的物品相得益彰。图片提供_虫点子创意设计

➤ 材质。从白色墙面的用餐区延续到厨房时，铁件作为外框的透明玻璃门，使得两种空间产生穿透，开放式空间让人心旷神怡。

/417

墙面立体装饰展现活泼感 跳脱餐厅旁边的墙面总是挂上画作的思维，设计师将以往总是摆在桌面上的立体装饰点缀于墙面，鲤鱼游动的流线感带动了空间氛围的活化，运用线条让原本单一的白墙产生了画面感。图片提供_相即设计

➤ 搭配技巧。此处墙面如果挂小图会呈现不出大气感，挂大图则又必须远看才能感觉其气势，因此以鱼形装饰取代悬挂画作的传统方式。

/418

温暖明亮的乡村风氛围 客厅区域的全白色调，搭配近似芥末黄的亮色系沙发，营造出空间中的视觉亮点，搭配墙面上绿色树木相框，让整体色调更为温暖明亮。而格子门板加上餐桌区域的白色烤漆层板柜，在细节处流露出乡村风格的氛围。图片提供_摩登雅舍室内设计

➤ 搭配技巧。墙面上悬挂的双面钟，搭配漆成单一白色的整体空间，加上沙发背景墙不规则形状相框的悬挂，以各种细节拼凑出乡村风的特色。

/419

木头切面温暖玄关端景 一进门映入眼帘的黑、白、灰色，为这个冷静利落的空间揭开序幕。由于原本格局大门正对厨房，考虑到风水问题，规划端景墙面阻隔，墙面运用黑色烤漆木作、搭配堆放的柴火，用"生火取暖"的视觉暗示，为室内空间增添些许温暖。图片提供_Z轴空间设计

▷ **搭配技巧。**由于端景墙并不厚，设计师运用短小的柴木块取代原木、单只露出横切面，以层层堆叠的手法，同样营造出柴火的温暖意象。

/420

充满温暖的幸福空间 善用墙面配置，不仅使空间达到分隔的效果，同时也保留了开放式的氛围，让每个区域都衔接着餐桌。以墙面规划流畅的生活动线，为家人的互动带来更温馨的幸福时光。图片提供_馥阁设计

▶ 搭配技巧。温暖的浅色系作为墙面基调，柔和地与天花板连成一线。并搭配上舒适宜人的黄光，让人身处其中时不禁感到放松与疗愈。

/421

创造静谧的阅读一角 使用同一色泽的墙面或许会显得单调，但适时地放入展示柜，突显自己品味之余，更可修饰墙面。譬如展示柜上的不同罐装瓶身，丰富的颜色使得这个阅读空间突然热闹许多，搭配这张草绿色的沙发扶椅，仿佛躺在草皮上让人放松。图片提供_虫点子创意设计

▶ 搭配技巧。如果想要为墙面空间增加更多的表情，不妨摆上一座立灯吧！利用光线的变化就可以随时调整你的空间氛围！

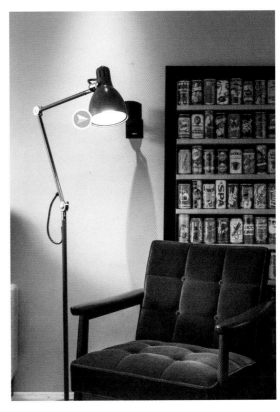

/422

橡木搭配铁件打造展示墙面　展示柜的背墙以橡木山形纹打造,不对花的纹理在层次上也较为丰富,搭配以黑色铁件架出大小不一的展示格。除了可放置植栽、时钟,装饰品的摆设也是可活化墙面运用的选择之一。图片提供_相即设计

▶ **材质。** 背墙采用纹理清楚的橡木打造,由于它颜色浅、好染色,可塑性较高又不特别贵,经常被用来打造墙面。

/423

鲜黄点缀呈现系统柜质感!　在预算有限的情况下,鞋柜选用系统柜,设计师特别请木工师傅帮系统柜圈上一圈鲜黄色框框,隐约露出的轻薄厚度,令鞋柜就像量身定做的一样。配合户主原有的绿色沙发,设计师将背景墙定调为墨绿色,令其成为最称职的陪衬、跳色背景。图片提供_Z轴空间设计

▶ **工法。** 先完成系统柜的施作组装,再请木工师傅进场做框边,在喷漆处理时需注意保护贴,避免喷漆污染。

/424

时尚混搭展现品味 大量运用自然以及中性色调,营造舒适轻松的居家氛围。同时也是为了维持空间单纯,给户主留出空间,让喜爱时尚又有许多收藏品的户主可以更自由地摆放自己的收藏品。部分墙色采用深咖啡色与户主最爱的金色相互搭配,并借此形塑出低调又时尚的空间个性。图片提供_隐巷设计

➤**搭配技巧。** 采用雾面金饰品搭配暖色调墙色,色调和谐亦能强调低调奢华感。

425	426	427
		428

/425＋426

展示与收纳双重功能的融合　本来不具功能性的走道，在设计师的巧手下化为展示空间。单纯摆上一幅画为空间聚焦，画作下方的收纳架亦可作为平常摆放小物件的地方。而浅色木地板与木架，与白色墙面相互跌宕出一种质朴，让生活回归简单的美好。图片提供_甘纳空间设计

▶ 材质。在收纳架上不仅可摆放物品，在充满暖色木系的空间里，若是放点绿色盆栽，更可点缀出生活的质感。

/427

忍不住驻足观赏的相片墙　如何为墙面增加更多的设计效果呢？相片墙可能是不错的选择，尤其在难以利用的上下楼梯动线上，设计师选择以多张照片组合来美化墙面，不仅创造焦点端景，也成功地让右侧的门板被忽略了。图片提供_浩室空间设计

➤搭配技巧。在开放的公共空间中，将动线上的墙面漆上与客厅电视墙同样的漆色，如此可以让视觉延伸达到空间放大的效果。

/428

白色铺陈的宁静角落　一个夹在柱子与窗户间的墙面零碎空间，当你不知道该如何运用时，交给设计师就对了！开放式的壁架，可以收纳，可以陈列，你喜爱的书籍、从远方旅行收集而来的物品，都可放在空间里，不仅增加了空间利用率，也为单调的墙面增添多元趣味性。图片提供_彗星设计

➤材质。白色墙面以及白色壁架，让空间一体成形，隐匿在角落金属质感的壁灯则添入一丝理性，自然生成一个安静的阅读空间。

/429

平衡视觉的轻量化陈列 户主以陈列物的存在感作为设计诉求，因此如何削弱墙面陈设架的重量感便成为设计一大主题。在颜色搭配上刻意采用白色墙面与白色金属壁架的做法，是营造壁架与墙面一体化的巧思，借此降低载体的视觉重量，使墙面丰富而不拥挤。图片提供_彗星设计

▶搭配技巧。之所以将原来黑色的金属壁架改造成与墙面一样的简约白色，除了可以剔除视觉上的负担以外，更可以让观者的焦点聚焦于陈设物上。

/430+431

以色彩解放工业铁架的束缚 墙面的利用在不够大或是太大的空间都能发挥效果，可以用整面的冲孔板或是网架，喷刷上不同于金属的色彩，很容易跳脱对工业铁架的刻板印象。收纳上，特别好用在使用频繁、难被分类收藏的物件，一目了然的摆放，让人轻松拿取。图片提供_彗星设计

▶搭配技巧。开放式挂架有趣之处，在于可随意地变化吊挂物件，就像每季需要变化的服装，可让主人展示生活上不同的想法。

/432

阁楼感的木造墙面 以木板打造的墙面，带有粗犷且厚实的自然气息。使用纹路不规则的木板作为主要概念，将具有艺术性的装饰品，以主题分开摆放，营造出一区区的展示平台，成为屋子里一处最美丽的风景。图片提供_IKEA

▶设计。将搜集的画作或是值得纪念的艺术品，以主题的方式打造一面小艺廊。看似无秩序的编排，实质上更适合艺术性十足的木造墙面。

/433

利用铁梯取代厚重展示柜 如果嫌展示柜过于笨重的话，或许你可以考虑使用一支铁制的梯子。细长的铁架可以降低不少体量感。你可以随意放上你心爱的唱片、让你感动的书籍，或是几只柔软质地的小熊，更可完整传达出主人的童真之心！图片提供_虫点子创意设计

▶搭配技巧。利用颜色来陈述一种风格，是最精炼的空间语言，冷色系的蓝色墙面搭配米色沙发，简单营造舒适简约的氛围。

/434

挑战收纳柜的既定印象　在追求开放式的空间设计氛围下,把该收的东西藏起来后,收纳柜的设计方式可以更大胆地发挥想象力与制造变化性。把三种规格的四边柜做组合,搭配色漆与木皮、开放柜与门板柜作变化,让组柜本身可以成为居家空间的家具设计单品,兼具美感与收纳。图片提供_彗星设计

▶搭配技巧。冷色系蓝色墙面,与柜体使用的暖色系作出强烈对比。橘色与黄色的使用,搭配温润的木皮纹理,有效地衬托出展示柜的存在。

/435

制造简约空间里的视觉焦点　整体空间以低调色系为主,维持一定程度的简约、单纯。在灰色墙面上,搭配的是深色木质层板,呼应以材质质感与原色为主的搭配原则。只简单选择色彩较为强烈的艺术品、画作摆在层板上点缀墙面,营造空间的知性氛围,也让之成为空间里的视觉焦点。图片提供_怀生国际设计有限公司

▶搭配技巧。以色彩强烈的家饰品,与单纯的空间搭配,增加空间变化也可打造吸睛点。

/436

宛如艺术品的展示架　利用金属薄韧的特性,加上六角以及菱形结构所产生的错视立方体效果,让展示架本身成为亮眼的艺术品。再搭配色系相同的陈列品,在里头放置色系相同的小物件或是书籍,在色彩的配置之下,轻易构筑出墙面上的美妙景观,独具渲染力。图片提供_彗星设计

▶工法。菱形结构的利落切角,形塑出展示架在空间的体量感,同时也区隔了每一个物品的独特性,不会抢过彼此的风采。

432	434
	435
433	436

╱437+438

家饰软化墙面冷硬印象 餐厅墙面以饰品为概念，在浅色墙面嵌入黑色铁件，具冷硬特质的铁件为空间带来个性，轻薄的铁片则赋予轻盈感，不至于让人感到沉重。对应整体空间的优雅氛围，在铁件层板上摆放家饰做装饰，丰富空间的同时也软化了墙面石材与铁件的冷调元素。图片提供_怀生国际设计有限公司

▶搭配技巧。石材搭配铁件，虽调性趋冷，但能呈现材质精致质感，搭配实木门板，冲突感立现。

437	439
438	440

/439+440

有条不紊的拼贴墙面 这间以艺术装饰风格为主的早午餐店，以黑色、金色、银色作为主视觉，在墙面上则以拼贴、不同大小的画框以及图片装饰，贴满画作的墙面不紊乱，反而呈现出独特的艺术品位。

图片提供_直学设计

▶ **搭配技巧。**想要营造艺术装饰风格，可以留意图案和颜色这两个重点。图案如建筑的交错线条、动物图案、碎花或几何图形；至于颜色，可以强调以明亮对比的色彩，例如鲜明的深色与白色互补等。

/441

与森林绿意一起入眠 卧房墙面以植物作为主题，以原木形塑出树的外形，其中结合收纳概念，让伸展的树枝同时也具有摆放书籍的层板功能。另外以绘制的方式在墙上绘制叶子、花朵等植物以丰富墙面元素，避免全部以原木呈现主题而让空间变得过于沉重。图片提供_怀生国际设计有限公司

▶搭配技巧。利用平面绘图与立体木作交错搭配，可活泼墙面主题，也让视觉感更为立体。

/442

照片装点，注入墙面生命力 将电路管线隐于电视墙内，形成清爽简洁的立面。表层则以浅色梧桐木皮做铺陈，通过自然纹理营造轻盈纾压的视感，并顺应户主喜欢摄影、洗照片的习惯，让墙面身兼相片墙，把照片作为家饰品，装点出赏心悦目的居家画面。图片提供_和薪空间设计

▶搭配技巧。墙面底部规划灰色烤漆收纳柜，通过贴地的体量线条，打造无距离感的亲切视野，且不妨碍上方相片墙的整体视觉。

/443+444

绿叶壁贴，丰富墙面表情　客厅以白色为基调，衍生放大的空间效果，并将电视旁通往房间的门板隐于无形，建构墙面表情的完整性。采用壁贴彩绘技巧，让电视墙化为画布，加入绿叶飞鸟等图腾，让家变身成绘本里的绿意森林，创造缤纷具生命力的童趣风景。图片提供_北鸥室内设计

▷搭配技巧。电视墙下方加入层板嵌墙，通过简单的悬浮平台增加收纳展示功能，不仅可放置小物，也可用来摆放视听影音设备。

445 | 446

/445+446

廊道相片墙，构筑温馨记忆 以深远廊道建构美式印象，通过立面连贯餐厅与居家廊道，采用暖灰大地色调作为墙面衬底，注入舒心的视觉暖意。且顺应家有宠物，于廊道中规划弹性拉门，让主人可在夜间将拉门关上，将人与宠物的休憩区域作出完美划分。图片提供_格纶设计

➤**搭配技巧。** 居家廊道也身兼相片墙，于墙面装点照片并加入留白设计，并点缀"FAMILY"温馨字样，以墙面记录全家人的情感记忆。

447
内凹式设计大秀珍藏且一样省空间

提示。如果不想再多取一部分空间出来规划，那在局部设计成内凹式柜体，不仅可以秀出自己的收藏品，更可以节省空间。通过这样的墙面设计，不仅可以展现空间上的巧思，也能让自己的收藏呈现好质感。

448
隐形框架挂法

提示。划出一个隐形的矩形或长方形区块，将想要挂的图画相框置入这个隐形框框内，不要超出框架外，整齐贴着框架线条，这种挂法很适合运用于畸零角落或是特别狭隘的空间。

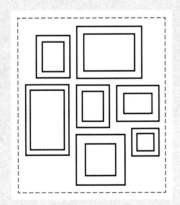

449
阶梯式摆挂创造律动感

提示。卧房、儿童房是小品画作最常见的地方，挂的时候用阶梯式由高而低的挂法就能创造墙面律动感。

450
善用墙面，让收藏成为墙面装饰品

提示。展示区在空间规划上已经日渐被重视，配合着不同的收藏品有各种不同的收藏方式，但空间的大小也取决了展示区的比例。如果收藏量丰富，空间许可之下，给予一个专属的收藏空间是绝对没问题。但如果是小空间，又渴望有展示区，那可以好好地在墙面上作设计，可以通过线条的创意与材质的运用，给予一部分墙面放置收藏品。值得提醒的是，尽可能不要超过主空间的1/5，才不致扰乱视觉焦点。

451
上下水平线挂法

提示。画一条隐形水平线，将所有想挂上去的图画相框，依序挂上水平线的上下端，注意上下必须平均摆挂，避免上面或下面太多，而让人感觉头重脚轻。

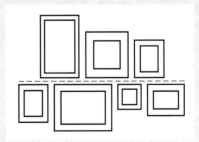

452
单幅焦点挂法

提示。一般空间墙面没那么大，或是公共空间如客厅等，就适合摆挂单幅影像画作。单幅画作容易将视觉聚焦，创造空间重点。

453
垂直线挂法

提示。将所有的图画相框依照一条垂直线依序摆挂，这样的挂法适合挑高空间，或是空间里垂直的结构体，例如梁柱等。

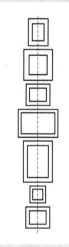

454
双幅对称挂法

提示。如果空间较大或是墙面空白处较多，从视觉角度可以考虑装饰2～3幅影像作品以加强视觉效果。而且两幅同样大小的影像表现同一个主题并列挂在墙上，可给予空间稳定感。

455
考虑上下左右物品

提示。墙面挂画时若周围没有障碍物，以人的视觉水平160厘米对准画的中心为基准，若左下方有大型盆栽整个画面构成就应该往右移，或是右上方有电箱，为了转移注意力，挂任何物品时往左下方移视觉上会比较舒服。

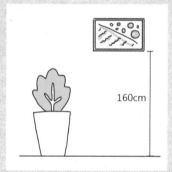

160cm

456
画与画的间距不宜过大

提示。画与画之间的距离不宜过大，否则容易让视觉焦点分散。不管挂几幅画，以单幅挂画的方式，找出中心点先挂上中间那幅作品，其余的依相同间距挂上即可。

457
挂套画时，间距应更小

提示。套画虽然分属于好几个画框，但内容是有延续性的。挂这样的画作时，间距越小越能展现它的连贯性，间距大了反而失掉原有的艺术感。

▶ 4

室外墙

盖房时外观能展现建筑本身的设计思考与品味，
而除了整体造型以外，室外墙即是第一印象，
却是一般室内设计鲜少提起，
本章就材质与植栽来剖析室外墙设计。

材质

图片提供_法兰德室内设计

图片提供_相即设计

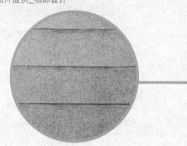

/458
最通用的钢筋混凝土墙

概念。钢筋混凝土墙，是指含有水泥、沙、石子及钢筋混合的墙，强度高且不易拆除，一般用于楼板或建筑物的外墙。由于建筑物的基础、梁柱及楼板、承重墙及屋顶是主要构造，均以混凝土为主要构材，并辅以钢筋一体浇筑完成，是属于现场施工的湿式构造法。

/459
石材展现大气稳重

概念。一般外墙的材质会选择石材展现大气稳重，而花岗石虽然纹理没有大理石来得丰富，但是吸水率低、硬度高、耐候性强，所以很适合运用在户外空间。此外抿石子也是常用的石材种类。

图片提供_直学设计

图片提供_艾伦空间设计

/460
以木头从外到内展现家的想象

概念。木色自然质朴贴近人们对家的想象，
是许多人装潢时的优选材料，在外墙施作时
也不例外。选择木头时需要考虑气候因素，
台湾潮湿多雨，木头容易腐蚀发霉，尤其是
室外墙在选择时尤需谨慎选择。防水与防霉
工作需格外注意，如果是为展现木头质感，
塑料木也是另一种参考。

/461
红砖复辟老文化

概念。红砖是老房子常会使用的外墙，随着
时代的变迁渐渐被其他材质所替代。但近年
来复古人文风气盛行，红砖与文化石都成为
室外墙面建筑设计的宠儿。

/462+463

深灰文化石墙跳脱韩式印象 位于台北东区的这间韩式餐厅，期许餐厅给人非传统韩国的印象。以时尚小酒馆为设计理念，外墙运用深灰色的文化石营造工业风的斑驳印象，墙面仿旧、砖墙的效果，是结合文化石与填缝剂，运用手工才能带出脏脏、旧旧的感觉。图片提供_直学设计

▶**材质。**让人误以为是间小酒馆的这间餐厅，外表除了使用文化石墙外，工业风的常客——铁件也没有缺席，铁制的遮雨棚与窗框、门框，打破了一般人对韩国餐厅的刻板印象。

/464

石材与木作的相互映衬 以石皮岩片、实木条与木地板铺陈，使空间更贴近自然的真实表情，再以植物、石、风、光影等自然元素，在城市内也能轻松享有更多自然光影，让户主可以走入真正的都市丛林之中，享受舒适放松的自然气息。 图片提供_近境制作

▶**材质。**大面积使用粗犷而原始的石皮岩片打造自然面貌，与灵动写实的实木条产生对话，引导居住者进入自然、疗愈的和谐境界。

LYNNE 30   DRESS LIKE YOU MEAN IT

/465＋466

属于轻熟女的粉红时尚　强调活泼、有活力的女性服饰店面，外墙为贴皮木板涂上时尚新颖的桃红色为基调，同时营造出墙面的几何立体感，搭配灯光投射，形成宛如伸展台的局部照明，与店内柜台后方墙面形成相似光影效果，深具景深趣味。图片提供_怀生国际设计有限公司

➤搭配技巧。想强调时尚元素，粉红色和白色作搭配，不仅对比强烈，更突显了不只是柔美的个性态度。

465	467
466	468

/467＋468

融合自然的度假屋　矗立于平缓的丘陵中，建筑体以低调的
质朴样貌融入地景之中。外观墙面以水泥粉光、天然石片和
经防腐处理的南方松实木饰条，搭配上露台地面，打造出与
自然融合的度假屋。图片提供_Yvonne

➤ 材质。南方松适合户外使用，且价格合理，是适合室外墙
面展现木素材质朴风貌的好选择。

/469

双墙面的空间运用 此处是餐厅外的休憩空间，由餐厅往外望便可看见抿石子墙面，加上绿色植物的种植美化了户外环境。而另一边墙面，延续抿石子手法打造出放置实木的平台，搭配木板框架出的户外壁炉，以木头的暖调意象中和了石材的清冽感。图片提供_相即设计

▶搭配技巧。以抿石子墙面搭配绿植栽，加上木墙与户外壁炉的结合，让一个空间呈现出两种墙面的运用手法。

/470

深色木材＋红色砖墙打造田园风 为了营造乡村田园风格，设计师采用红砖墙作为外墙设计。红砖的质朴正好呼应田园风的随兴自然，而早期不讲求花俏注重比例谐调的台湾木格窗设计，则为红砖墙框出更为丰富的样貌。同为朴实的木素材与砖材，则勾勒出浓浓的田园风味。图片提供_艾伦空间设计

▶材质。采用质地较粗的水泥做抹缝处理，营造随兴的砖墙质感。

/471

自然锈蚀生铁门面 大门用生铁板材质,遮蔽原本建筑大楼的瓷砖厚梁,取铁件轻薄却达到高结构强度的特点,令门面拥有全新的质朴低调的现代视觉感。由于入口内侧即为会议室,设计师在落地玻璃窗旁错落设置宽度30厘米的铁件格栅,阻挡直接望入室内的视线,兼顾采光与隐私。
图片提供_工一设计

▶ **工法**。外观使用的生铁故意涂上薄薄的保护漆,在经过风吹雨打剥落后,即可呈现斑驳锈蚀的自然面貌。而大门考虑到接触频率高、需注意触感细致度等,因此保护漆厚度正常。

/472＋473

团结如握的建筑立面设计 从正面观看,这座高低交错的建筑物就像是左低右高的双手团握状。的确,当初设计师便是以此想象而设计出象征一家团结的建筑立面。同时在外部采光与内部视野的双重考虑下加入格栅遮板,呈现穿透又不失隐私的画面。图片提供_诺禾空间设计

▶ **材质**。因为希望让建筑外观更为纯粹简约,特别在外墙上选用透气却不透水的特殊涂料作保护,有别于传统外墙以瓷砖作覆贴的设计。

/474

白漆马赛克砖的京都北欧气息　选择明亮清爽的京都风格的这间咖啡馆，室外墙面选用白漆搭配灰色马赛克砖墙，透光度高的落地窗让阳光自然洒落于店中，让"安心"与"放松"的主要意象从门外就能一窥究竟。图片提供_直学设计

▶搭配技巧。以白色与灰色组成的门面形象，并用灰色马赛克砖墙在日式京都风中巧妙点入新北欧风的设计元素。

／475＋476

金黑色系打造奢华意象　台中的餐厅总是以气派著称。位于一线战区的此间烧肉餐厅即以义式设计的浓厚奢华时尚为基调，门口墙面以黑色为主视觉搭配点缀灰色与金色系，象征"火光中的盛情款待"的服务意象。图片提供_直学设计

▶ 材质。硕大的招牌以金色为底架上，黑色网状铁架搭配灯光效果，在道路上成为让人眼睛为之一亮的光芒。

/477

多点光窗组构成现代感画面　建筑外墙的设计必须考虑更多外在因素，由于此建筑物与对街建筑仅有8米宽的小巷子距离，因此考虑立面设计需有隐私性后，决定在少了庭园围篱遮掩的三楼以上空间做数个小开窗设计，以多点采光取代大开窗，并创造更多变化的光源趣味。图片提供_诺禾空间设计

▶材质。为了保持建筑外观的新颖亮丽，在外墙漆料特别挑选了德国进口的自洁漆，也解决了户主对于白色建筑日后维护的问题。

/478＋479＋480

砌出纽约都市的人文街景 这是一所幼儿园外墙的重建工程，为了一改原本平庸的大楼外观，进而展现出更具人文质感的样貌，设计师将常见的瓷砖外墙改以文化石与斩石子材质，并搭配欧风拱门与柱式造型设计，呈现如纽约都市街景的公寓门面。图片提供_澄橙设计

▶搭配技巧。立体质感的文化石墙与素净的斩石子互相映衬出人文感，而刻意加长的窗形与柱式拱门的造型，加上锻铁栏杆，则展现了细节的优雅。

╱481＋482

红木皮外墙打造温度 以工业风设计为基调的这间日式餐厅，外观上方以铁件作为遮雨棚与装饰，每个框架以不同颜色或是不同大小间隔呈现，让视觉更有层次感。墙面选用偏红色的木皮，打造与内装一致的温度。而旁边设置的黑板，除了可写上店内资讯，也多了一分俏皮。图片提供_直学设计

➤ **材质**。工业风常运用木质来调节空气中的视觉温度。选择偏红的木皮，可降低工业风的冷调，而相反若选择偏绿色的木皮，则能让视觉温度下降。

481	483
482	484

483+484

高彩度工业风门面令人眼睛一亮　以工业风格为主轴，并且从西班牙人的生活与文化元素汲取灵感，打造让女生也能接受的彩色工业风，是这间西班牙餐厅的设计重点。因此在门口使用铁框搭配较深的黑玻，衬出彩色的招牌与大门，令给人冷酷形象的工业风格为之一变。图片提供_直学设计

▶搭配技巧。彩色大门营造视觉焦点，锅子造型门把切合餐厅主题，独特形式则让人会心一笑，后来也成为许多客人必拍的店景之一。

/485

都铎式建筑重现英国乡村风　外观设计受英国伊丽莎白女王时代的都铎式所启发。户主偶然的机会看到一本泰国设计书上的此种建筑，便以此为原型完成了以都铎式石墙、斜屋顶等建筑元素的正立面设计。摄影_ Yvonne

▶设计。都铎式建筑搭配从法式乡村风及其他风格萃取的拱门、对称式长窄窗等设计语汇，衍生出原创的外观设计。

/486+487

水泥粉光低调融入环境　退居绿茵后方的建筑物外墙为朴实的水泥粉光，与洗石子一块低调地融入周围环境。碎石子铺面地板既可以维持土壤呼吸，还有防盗的警示作用。摄影_王正毅

▶ 材质。以洗石子为外墙主体，出挑的窗帘与屋帘则为水泥粉光，强调简约风格。

植栽

图片提供_相即设计

图片提供_相即设计

/488
绿色美化设计

概念。事前能充分考虑植栽为主的绿化设计，似乎形成今日追求永续发展时尚潮流中的一种新思维。无论是采用传统的栽植树木绿化方式，还是采用盆栽更替型绿化方式，或是开发新技术的垂直绿化方式，相信如此的案例都将逐渐增加。

/489
西向绿化墙面侧重节能效果

概念。垂直绿化的墙面最经常看到出现在西向，其次为东向与南向。从建筑逻辑而言，西向的垂直绿化，侧重于遮阳、降温的节约能源效果，而非仅为增强建筑景观美感。

植生墙施工步骤

1 钢筋混凝土墙或其他墙面上铺上一层防水纸以保护墙体。

2 以干挂方式固定隔热透气的挂板。

3 吊挂植栽盒并固定。

4 种植花卉植物。

5 配置给水设备。

492
493

╱491

虚实合一的植栽墙面 位于三楼的大露台空间阳台户，由于与邻户间的洞距较近，故以种植树木的方式打造出具有植栽概念的墙面，既能绿化环境也可达到具有隐秘性的遮蔽效果。用植物建立或虚或实的墙面，对露台来说是活用式的空间规划。图片提供_相即设计

▶ **搭配技巧。**植栽以盆种的方式种植，因此花台特别架至与地板同高，除了可遮住花盆提升美感之外，也让整体的一致性更为强化。

/492＋493

凝聚空间整体的主墙面 以小块板岩拼贴而成的墙面，是整个Π字形空间的亮点，主卧、小孩房都依附着同面墙，也让墙面成为整栋建筑的焦点。而主卧休息平台的精致烤漆扶手也恰巧和板岩的粗犷大气形成对比，加上引入充分自然光的天井，以朝气蓬勃的气息活化了空间氛围。图片提供_相即设计

▶搭配技巧。以天井搭配三层半楼高的大片墙面，加上种植绿植的点缀，让整个生活空间围绕着中庭，板岩的材质使用也活化了墙面的视觉感。

/494
特殊涂料使外观纯粹简约

提示。如果希望让建筑外观更为纯粹简约，可在外墙上选用透气却不透水的特殊涂料作保护，也将有别于传统外墙以瓷砖作覆贴的设计。

/495
薄层绿化改善都市生态

提示。顾虑防水和载重，一般建筑物立体绿化正朝"薄层绿化"趋势发展。绿屋顶强调质量轻、成本低、维护少的绿化技术；而绿墙则以各种草本或蔓藤植物，达到建筑隔热降温、净化空气污染等改善都市生态环境的目的。

/496
多年生蔓藤植物成主角

提示。建筑物外墙垂直绿化的植物，从植物的攀爬特性而言，最重要主角有地锦与薜荔两种类，而且也是台湾地区经常采用的植物种类。依据两种植物的相异特性，地锦比较需求阳光，经常用在向阳面或东西晒的垂直墙面上。反之，薜荔因为有耐阴的习性，经常用在阳光比较不足部位，例如建筑物北向的外表绿化等部位。

/497
增加绿地率与节约土地

提示。室外墙垂直绿化可以充分利用每一寸土地，以提高绿化面积和绿化覆盖率。科学、合理的垂直绿化可以等面积甚至几倍地偿还建筑物所占的面积。

/498
质地较粗水泥抹缝营造随兴感

提示。如果想要营造人文复古氛围，可在砖墙之间采用质地较粗的水泥做抹缝处理，营造随兴的砖墙质感。

/499
隔热材料及空气层做好隔热效果

提示。一般的建筑多为钢筋混凝土构造，所以就外墙面材料而言，使用较为明亮的表面材料以增加反射率为佳。白色墙体具有90%的反射率，而一般红砖或深色建材则在10%～50%之间，相差颇大。其实相较于钢构及木构建筑而言，钢筋混凝土墙既厚重且隔热能力又不佳，夏天易产生白天吸热、晚上放热的现象，使得室内空气一直维持高温闷热，唯有加装适当的隔热材料及空气层才有良好之隔热效果。

/500
植生墙降低温度具保护作用

提示。植物根系会侵入建筑墙面，这多半是发生在墙体已经出现大裂缝时。为防止植物根系未来可能"见缝插针"，绿化时最好先检查施工墙面是否有裂痕，修补后再加上防水措施。但其实对钢筋混凝土建筑物破坏力最强的，往往是因日夜温差过大造成墙面裂痕，绿化可以降低墙体温度，反而有保护作用。

著作权合同登记号：图字13-2017-091

图书在版编目（CIP）数据

墙面设计500 / 漂亮家居编辑部著. —福
州：福建科学技术出版社，2018.10
ISBN 978-7-5335-5646-4

Ⅰ. ①墙… Ⅱ. ①麦… Ⅲ. ①墙面装修－室内装饰设
计－图集 Ⅳ. ①TU767-64

中国版本图书馆CIP数据核字（2018）第153186号

书　　名	墙面设计500	
著　　者	漂亮家居编辑部	
出版发行	福建科学技术出版社	
社　　址	福州市东水路76号（邮编350001）	
网　　址	www.fjstp.com	
经　　销	福建新华发行（集团）有限责任公司	
印　　刷	福建彩色印刷有限公司	
开　　本	787毫米×1092毫米　1／16	
印　　张	16	
图　　文	256码	
版　　次	2018年10月第1版	
印　　次	2018年10月第1次印刷	
书　　号	ISBN 978-7-5335-5646-4	
定　　价	69.80元	